古树与乡愁

广州市林业和园林局
广州市林业和园林科学研究院 编著

广东旅游出版社

中国·广州

图书在版编目（CIP）数据

古树与乡愁 / 广州市林业和园林局，广州市林业和园林科学研究院编著. — 广州：广东旅游出版社，2023.11
ISBN 978-7-5570-2997-5

Ⅰ. ①古… Ⅱ. ①广… ②广… Ⅲ. ①树木－介绍－广州 Ⅳ. ①S717.265.1

中国国家版本馆CIP数据核字(2023)第058424号

出 版 人：刘志松
策划编辑：蔡　璇
责任编辑：贾小娇　童　倩
装帧设计：艾颖琛
责任校对：李瑞苑
责任技编：冼志良

古树与乡愁
GUSHU YU XIANGCHOU

广东旅游出版社出版发行

（广州市荔湾区沙面北街71号首、二层）
邮编：510130
电话：020-87347732（总编室）　020-87348887（销售热线）
印刷：广州桐鑫印刷有限公司
　　　（广州市白云区广从九路1038号实验楼一楼）
开本：787毫米×1092毫米　16开
字数：300千字
印张：19.25
版次：2023年11月第1版
印次：2023年11月第1次
定价：118.00元

[版权所有　侵权必究]

本书如有错页倒装等质量问题，请直接与印刷厂联系换书。

《古树与乡愁》编委会

主　　任：蔡　胜
副主任：粟　娟
主　　编：阮　琳　　代色平　　陈　葵
编　　委：王　方　　王　玮　　王瑞江　　王鹏翱　　邓嘉茹　　叶少萍
　　　　　毕可可　　朱峻锋　　刘志伟　　阮　桑　　孙龙华　　孙煜杰
　　　　　李吉跃　　李　铤　　杨锦昌　　吴　超　　吴毓仪　　何　栋
　　　　　张劲蔼　　张俊涛　　陈红锋　　赵志刚　　胡彩颜　　贺漫媚
　　　　　钱万惠　　唐立鸿　　唐光大　　黄华毅　　黄娜英　　曹芳怡
　　　　　梁键明　　蒋庆莲　　程仁武　　熊咏梅
　　　　（按姓氏笔画排序）
摄　　影：陈汉添　　张永林　　巢金红　　刘丽嫦

序　言

广州素有"千年花城"之美誉，是一座有着2200多年悠久历史的文化名城。1000多年前，这里是海上丝绸之路的起点，100多年前，这里打开了近现代中国进步的大门；40多年前，这里成为改革开放的前沿阵地。今天的广州，正在积极推进粤港澳大湾区建设……

树生百年，方成古树；木载史册，则为名木。据统计，广州共有9千多株古树名木，分布在11个区，树龄最早的已经有上千年历史。漫步在千年花城的街头巷尾、古寺院落与乡间田野，惊叹"中国最美古树"木棉王之英气、明悟佛门圣树菩提树之厚重、品味岭南佳果荔枝之甜美、领略独木成林榕树之顽强……它们已然成为羊城的历史沉淀和文化符号，孕育了自然绝美的生态奇观，承载了广州市民的乡愁情思，见证了广州山河田海的沧桑巨变。

为深入贯彻落实习近平生态文明思想，广州市委市政府牢记总书记嘱托，全面践行绿水青山就是金山银山理念，用心守护这座城市的古树名木健康，取得了卓越成效。广州市林业和园林部门努力讲好古树名木故事，编写的这本《古树与乡愁》，收录了广州最具代表性、最具特色、最具历史内涵的37种古树名木，一文一树种，将绿色生态与人文史脉有机结合，生动诠释了绿色发展理念在岭南大地上的一抹乡愁，对提升人文环境、坚定文化自信、保护自然与文化遗产、弘扬乡土生态文化和推进乡村振兴具有重要意义。

希望本书能够打动更多的读者，有更多人加入到古树名木保护中来，营造全民参与、共建共享美好生态家园的良好社会氛围，绘就一幅"六脉皆通海、青山半入城"的绿美广州画卷。

中国工程院院士　何镜堂

2023年7月6日

前　言

广州，简称"穗"，别称羊城、花城。公元前214年，秦始皇在岭南设南海、桂林、象郡三郡，以番禺（今广州）为南海郡郡治，建城郭番禺城，史称"任嚣城"（广州之始）。作为国家级历史文化名城，广州也是岭南文化的分支——广府文化的发源地和兴盛地，历史文化底蕴深厚。为更好地守护历史文化名城、永续历史文化名城精彩，广州近年来全面加强名城保护工作，将名城保护与城市可持续发展结合起来，讲好名城故事，守护乡愁记忆，延续历史文脉，促进老城市不断焕发新活力。

古树是指树龄在100年以上的树木。名木是指特别珍贵稀有、具有重要历史价值和纪念意义、具有重要科研价值的树木。古树名木是森林资源中的瑰宝，是有生命的文物，具有重要的历史、文化、科学、生态、景观和经济价值，也是塑造历史文化名城风貌的重要元素。

广州属南亚热带季风气候，海洋性气候显著，具有温暖多雨、光热充足、温差较小、夏季长、霜期短等气候特征，全年雨热同期、雨量充沛，为植物生长提供了良好的生态环境，孕育了珍贵的自然遗产——古树名木。从数量上看，广州现存近万株古树名木，是全省古树数量排名第二的城市；细分种类，广州古树名木共105种，主要集中在荔枝、榕树、木棉、乌榄、格木等五类常见乡土树种，占全市古树名木总数的86%以上；知名度上，中山纪念堂中国最美"木棉王"、何仙姑庙"千年仙藤"、光孝寺佛门圣树菩提树、海幢寺传奇鹰爪花等，不仅为市民耳熟能详，也令不少来穗旅客流连忘返。这些珍贵的古树名木分布在羊城街头巷尾，饱经岁月风霜洗礼，见证古都历史沿革，将自然生态与现代生活有机融合，成为城市风景中不可或缺的"绿色文物"。

"前人栽树，后人乘凉"，每一株古树名木与广州的发展总是无缝相融，陪伴着一代代广州人。对于广州市民而言，走到大树下，往往能让人心旷神怡，内心涌出一股熟悉的心安感。纵使岁月轮转，大树下仍是街坊们喜爱的乘凉、聊天、下棋的好去处，旧时光与新生活在树底下碰撞出不一样的精彩，绘就了一幅幅大树、人、城和谐相融的美好画卷。保护古树名木，就是守护羊城历史、守护名城文化、守护美丽生态。广州历来重视古树名木保护工作，近年来多措并举推进树龄鉴定、健康诊断、安全评估、巡查养护、抢救复壮、建设绿美古树公园等系列工作，让每一株古树名木焕发出了勃勃生机，让乡愁有"树"可寻。

本书选取了广州本土特色的古树名木编辑成册，共收录古树名木37个树种，分属27科32属，以及2个特色古树群。本书对收录的每一株古树名木具体位置、树龄（树龄统计截至2022年）、保护等级以及背后的故事进行了详细描述，可作为群众喜闻乐见的科普资料。

本书凝聚了广州市多年的古树名木保护成果，由来自华南国家植物园、华南农业大学、中国林业科学研究院热带林业研究所、广东省林业科学研究院、广州市林业和园林科学研究院等的数十位专家精心编撰而成，在此表示衷心的感谢。

编者
2023年7月

目录

一 **细叶榕** 一树一世界 / 001

二 **荔枝** 千年贡品　源远流长 / 020

三 **木棉** 英雄之树 / 036

四 **大叶榕** 满城尽带黄金甲 / 046

五 **秋枫** 全能担当的植物 / 058

六 **龙眼** 岭南佳果　传颂千年 / 062

七 **杧果** 杧花葳蕤　果香满盈 / 072

八 **乌榄** 南国青果　古今惠民 / 080

九 **人面子** 相貌不凡有故事　岭南乡愁有寄托 / 092

十 **白兰** 刚柔并济香满城 / 100

十一　白花鱼藤　千年古藤　仙子遗风 / 106

十二　格木　铁骨铮铮　跨越千年 / 112

十三　苹婆　凤眼顾盼　熠熠生辉 / 126

十四　樟树　南中国绿化骨干树种之王 / 130

十五　土沉香　珍贵的"烂木头" / 142

十六　菩提榕　即心即佛度众生 / 146

十七　诃子　海上丝绸之路的见证者 / 154

十八　水松　穿越亿年的"活化石" / 158

十九　梅　独傲冰雪　凌寒不屈 / 162

二十　米槠　南亚热带顶级群落主力军 / 168

二十一　阳桃　火星上来的果子 / 172

二十二　假苹婆　如花枝上艳　荚子缀猩红 / 178

二十三　罗汉松　苍虬嘉木　福禄双全 / 182

二十四　橡树　漂洋过海传情来 / 190

二十五　红花天料木　枯荣相继　代代相承 / 194

二十六　铁冬青　秋冬里的一抹红 / 200

二十七　水翁　河岸湖畔的"精灵" / 204

二十八　朴树　芃芃棫朴 / 210

二十九　木荷　木上荷花　防火卫士 / 214

三十　　五月茶　臭树亦瑰宝 / 222

三十一　**海红豆**　南国红豆寄相思 / 230

三十二　**斜叶榕**　石壁攀榕映海幢 / 234

三十三　**青梅**　雨林脊梁穗成荫 / 240

三十四　**诗琳通含笑**　友谊之树　洁丽之花 / 246

三十五　**铁刀木**　生长最快的红木 / 252

三十六　**鹰爪花**　先花后寺香绕梁 / 258

三十七　**中华锥**　千年古村的守护神 / 266

三十八　**黄埔军校古树群**　翠拥黄埔寄深情 / 272

三十九　**沙面古树群**　拾翠古树焕新颜 / 282

一 细叶榕

一树一世界

> 细叶榕（*Ficus microcarpa* L.），又名榕树、小叶榕，中药名榕须，桑科榕属常绿大乔木，高可达30米，树冠广展，枝叶浓密，是华南重要的绿荫树。老树常具锈褐色气根，多而下垂，入土即成一支柱。树皮深灰色。榕果成对腋生或生于已落叶枝叶腋，成熟时黄或微红色，扁球形。雄花、雌花、瘿花同生于一榕果内。常以气根、树皮、叶芽入药，味微苦、涩，性平，有祛风活络、除湿消肿、清热解毒、抗毒消炎功效。

"榕"遗世间成魁首

一粒种子、一段树枝、一截断根，在泥土里、在沙土上，甚至在石崖的缝隙中，细叶榕都有可能诞生新的生命。无论是水边、路边、密林中，还是寸草不生的岩石、陡壁上，都可顽强生长，能屈能伸，正是"榕"字的由来。《闽书》曰："榕荫极广，以及能容，故名曰榕。"说明榕树适应性强、容易成活。细叶榕枝叶扶疏绿意盎然，为城市行人提供大片绿荫，解烈日当头之苦。作为广州市街头巷尾、村前屋后最常见的绿化树种，其数量达数十万株，位居城市绿化树种数量榜首，而古细叶榕数量为广州市在册古树名木的1/4，独占魁首。

"独木成林"遮"半天"

俗话说"独木不成林",而榕树就打破了这句所谓的"真理"。广东、广西、云南、福建、海南等地,一株株古细叶榕身躯伟岸,树冠遮天蔽日,占地可达十多亩,一株树就形成了一片森林,而街头巷尾的一株古榕树甚至可营造出一个小公园。古榕树下,人头攒动,欢声笑语,其乐融融。那么"独木成林"是如何形成的呢?榕树枝杈向四周伸展时,枝杈和树干会生出成百上千的气生根,像垂柳婆娑摇曳。生命力旺盛的气生根一旦触及土壤,就会成长为新的树干,周而复始,慢慢就连成了一片独木森林,蔚为壮观。在广东省新会市,生长着1株近400年的古细叶榕,覆盖面积达15亩之巨,覆盖整个小岛,栖息的小鸟成千上万,因我国著名作家巴金笔下的《鸟的天堂》闻名于世。

"魔高一丈"的"绞杀者"

绞杀现象是热带雨林的奇特景观,细叶榕则是有名的"绞杀者"。鸟兽昆虫吞食榕果后,会到其他树木的树枝、树杈、树洞等地排便,未被消化的种子粘附在衰弱或有破损伤口的树木上发芽成长。长出的根须吸收寄主树的营养,枝干与寄主树交织在一起。这时候的细叶榕,就像一个隐秘的猎手,在静静地等待一个机会,让根须向下深扎泥土。一旦细叶榕的根须入地成为新枝干后,就会从土壤吸取营养快速生长,从而进一步挤占寄主树生长空间,争夺光照和水肥等生存"必需品",直至寄主树枯死。

树大成荫鸟来宿

走近一棵榕果累累的古榕树下,听到一阵阵鸟鸣,抬头一看,众多"歌坛巨星"悉数到场,让你在聆听"百灵"高歌的同时,亦可观赏到红耳鹎、白喉红臀鹎、暗绿绣眼鸟、乌鸫等雀形目鸟儿争食的壮观场面。不一会儿,一群蓝喉拟啄木鸟出现,站在古榕上时而啄食榕果,时而东张西望,几只白眉鸫也不落其后,陆续飞来,争先恐后啄食。抬头望向更高的树梢,一只大拟啄木鸟正站在枝丫上找寻熟透的果子。

一眼万年终不悔

细叶榕具有隐头花序结构,其花托肉质膨大,凹陷成中空的瓮形体,内壁上着生许多单性小花,仅顶端由层层叠叠的苞片组成通道与外界相连,十分狭窄,传粉媒介无法进入其中,传粉成了榕树繁衍的一大难题,而传粉榕小蜂的出现完美解决了这个问题,它们之间的协同进化演绎着一眼万年终不悔的传奇。传粉榕小蜂在细叶榕上产卵、繁殖,它们视力有限,只能依靠细叶榕发送的气味密码来寻找寄主。每当雌花开放时,会释放出浓郁的花香,如游丝般在空气中弥漫、扩散,传粉榕小蜂通过它那不断晃动的触角来感知环境中的气味,并过滤掉其他植物的气味,最终搜寻、定位到开花的隐头花序后,带着主动采集、置于胸前花粉筐中或被动粘附于体壁上的雄花花粉奔向自己的归宿,进入传粉和产卵,使得"榕树—传粉榕小蜂"在繁殖上高度依赖,形成了严密的、颇具代表性的互惠互生系统。

穿透时空的古榕

静静矗立在村头巷尾、城市绿地公园的古细叶榕蓊郁蔚然，满目清凉，而随着厚重风雨翻滚的茂密枝叶和长垂气根则像一条条青色的虬龙，气势撼人。可谓动静皆宜，百看不厌。古榕是活生生的，历经千百年风雨，见证千年广州的沧海桑田，它们感知着周遭发生的一切，并以其千百年来培养出来的独特语言与万物沟通交流，而我们，则责无旁贷地成为它们的忠实守护者。

越秀区六榕寺古榕 ——
东坡题词　浓荫蔽日

六榕寺原名净慧寺，始建于南朝梁大同三年（537年），后在北宋初毁于火灾，公元989年重建。公元1100年，苏东坡被贬谪到惠州，9月末途经广州，在净慧寺旁天庆观驻留约月余，多次到寺游览，见寺内有老榕六株，浓荫蔽日，欣然题书"六榕"二字，后人遂称净慧寺为"六榕寺"。明洪武三年（1370年），寺院六棵榕树遭到破坏，因此，民国初年，顺德文人岑学吕在门前"六榕"二字两边撰写了一对楹联："一塔有碑留博士，六榕无树记东坡。"时人为了纪念苏东坡，在原址重新补种了六株榕树。清末民初时，"广东佛教会"在榕荫树下建了一个方亭，并把它叫作"补榕亭"。目前位于六榕寺补榕亭西侧（斋堂前）的1株细叶榕，树龄173年，为广州市在册三级古树，树高达20余米，胸围近4米，冠幅20余米。但此榕非苏东坡所见而题字之榕也。

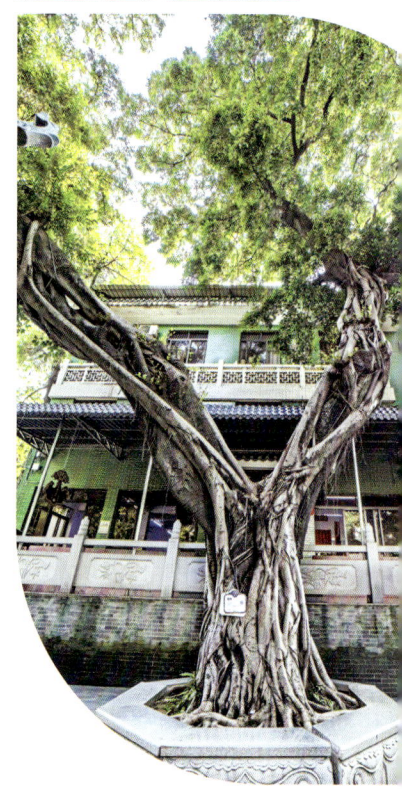

◎越秀区六榕寺古榕

◎番禺区大石街道大维村古榕

番禺区北帝庙古榕 —— 相伴北帝镇水患

　　北帝，又称黑帝，民间称之为水神，是统领所有水族之道教神祇。百年前的番禺，江环水绕多水患，民众多以捕鱼为生，为祈求平安顺遂，故在大石街道大维村建专祀北方水神玄武大帝的北帝庙一座，在门口植细叶榕一株，相伴北帝镇水患近200年，护佑了一方平安。该株细叶榕树龄194年，树高16米，胸围为4.3米，平均冠幅20米，其气生根附着主干生长，将原主干团团围住，形成一体，为广州市在册三级古树。该榕因相伴北帝而成为村民心目中的"神树"。村民常聚集在此休闲娱乐，过年时则来祭拜，祈求来年风调雨顺。

荔湾仁威庙古榕 —— 滴水之恩当涌泉相报

仁威庙是一座专门供奉道教真武帝的神庙，始建于公元1052年，明清时经历过三次较大规模的修建，一直是广州市西部和南海、番禺、顺德等地信仰道教群众进行宗教活动的场所，2002年开放为宗教活动场所。仁威庙始建和修建均由泮塘十八乡乡民自发捐资，是民间百姓自己建构的一座祈福圣殿，参拜者众。仁威庙后的一棵细叶榕下，记载着一则"滴水之恩当涌泉相报"的故事。当年，十八乡中有一贫寒学子，受庙中道长怜惜，让他在细叶榕下为人写书信以维持生计，学子由此摆脱了困境，为感激道长授人以渔，便在该树下立碑以记录其功德。目前，该细叶榕挺立在荔湾中学操场边，树龄137年，树高约20米，胸围近5米，冠幅20米，树干粗壮，枝叶茂盛，为广州市在册三级古树。不仅为莘莘学子营造良好的树荫，古树下发生的故事也为学校育人底蕴增添色彩。

番禺区大石街古榕 —— 心有灵犀根相连

大石街道东联村地处大石中心地带,村内道路纵横交错,已无耕地,建筑密度高,而三念园大街尚存有2株古树,实属不易。其中一株为细叶榕,另一株为黄葛树,树龄均为167年,为广州市在册三级古树。细叶榕高为18米,胸围为2.2米,被修剪过的树冠为12.5米,生长环境较差。2株古树各居一隅,也许是为了相互鼓励而抱团取暖,也许是因相互爱慕而守望相助,2株古树以一条气根为介而紧紧联结在一起,成为了彼此相依的"连理树"。

◎番禺区大石街古榕

番禺区大龙街古榕
母子同根成"冠首"

位于番禺区大龙街道罗家村桥虹花园的1株细叶榕,树龄154年,为广州市在册三级古树,树高13米,胸围5米,冠幅50米,树荫覆盖面积达千余平方米,是广州古树冠幅之最。四散的枝丫像一把可遮风挡雨的巨伞,树冠分枝生长有大量褐色小气根垂直而下,部分气根入地成茎干,蕴含着"独木成林""母子世代同根"的寓意,也象征旺盛的生命力,以及不屈不挠、开拓进取、奋发向上、坚韧不拔的精神。树下设有休憩桌椅和鹅卵石步道,是居民三五成群散步、纳凉、闲聊的好地方,记载着最生动的市井生活,也承载着广州人亲切的街坊情谊。

◎番禺区大龙街古榕——母子同根成"冠首"

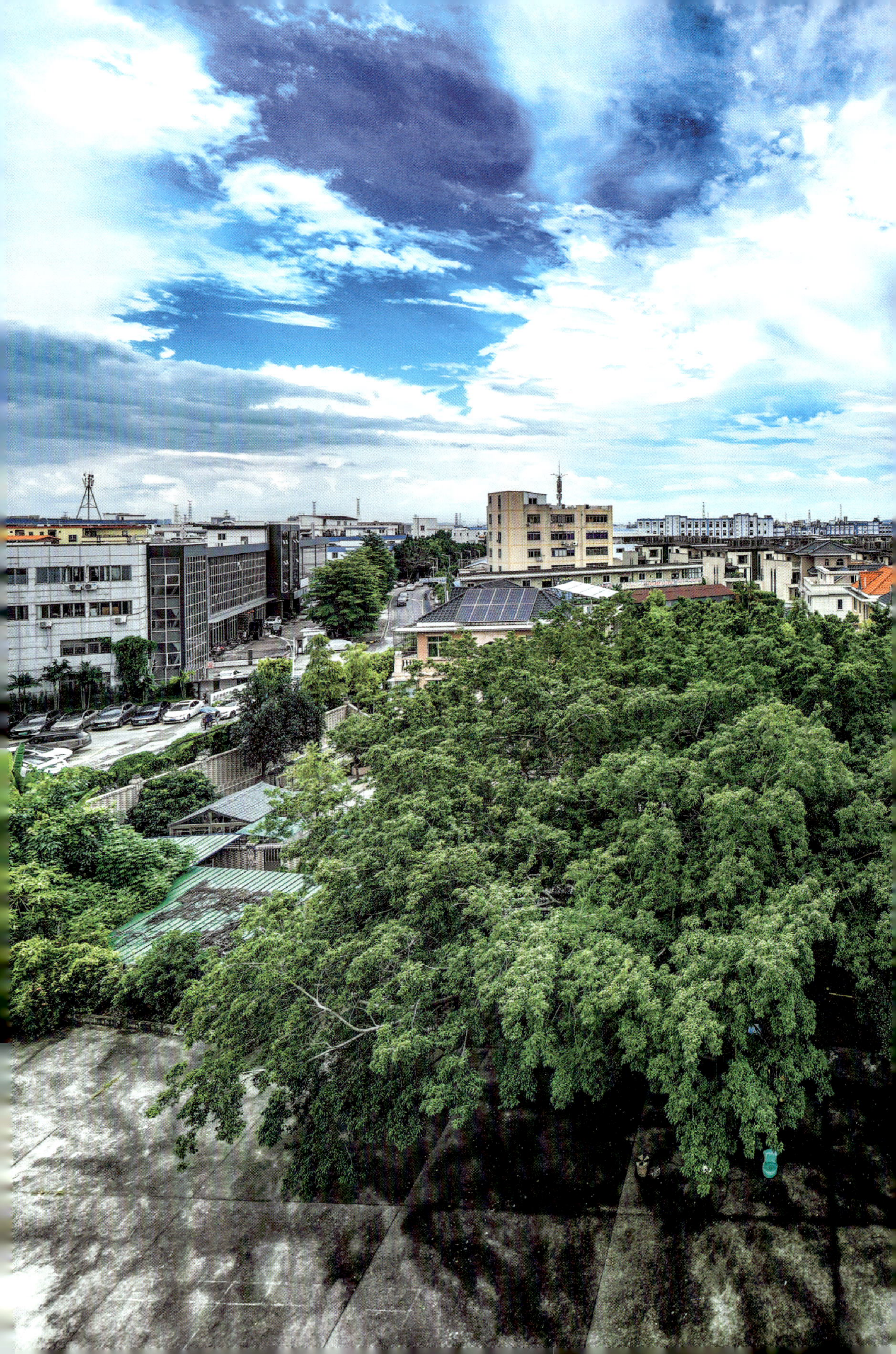

◎番禺区大龙街古榕

南沙区黄阁镇古榕
"龙门古榕"望千年

南沙区黄阁镇东里村有1棵枝繁叶茂、盘根错节的细叶榕，已走过了715年漫长岁月，并形成了"古榕包门楼"的奇观。当地人将树干基部中空成一个门洞称为"榕门"，因"榕"与"龙"音相近，也被称为"龙门古榕"。古榕树高16米，胸围6.3米，冠幅15米，是广州市在册一级古树，也是南沙区最古老的古树。如今，通往"龙门古榕"的村巷被命名为"榕树巷"，"龙门古榕"成了村里的"地标"，也是村民心目中的"福树"。屈大均在《广东新语》写道："各乡俱有社坛，盖村民祭民祭赛之所。族大自为社，或一村共之。其制砌砖石，方可数尺，供奉一石，朝夕惟虔。亦有靠树为坛者。""靠树为坛"是广府地区常见的景象，"龙门古榕"旁边有一石台，摆放着刻有"社稷之神"的石匾，俗称"社公"。"社公"带给黄阁人很多民间习俗，譬如每到除夕夜，村里的孩童会提着灯笼，带上鸡蛋，唱着卖懒歌，结伴到树下社公坛去"卖懒买勤"，这是东里村民熟悉的儿时歌谣和传统年俗。

◎ "龙门古榕"

◎增城石滩镇古榕

增城区石滩镇古榕 —— 革命精神永流传

石滩镇东南部上塘村有棵树龄547年的细叶榕，为广州市在册一级古树。树高15米，胸围近10米，冠幅16米，树干粗壮，枝繁叶茂，是当年东江纵队战士动员村民抗战的集合点。1941年2月，东江纵队第3、第5大队派出小分队进入增城县西部，与当地抗日游击队基干队会合。4月，成立增（城）从（化）番（禺）独立大队，游击区扩展到增城和广州市东北郊一带后，东江纵队战士就在细叶榕下动员村民，发动大家一同打击侵略者。古榕见证了这段峥嵘岁月。

从化区鳌头镇古榕 —— "迎客榕"载故乡恩

岭南传统村落中，祠堂、水塘、水井等典型的村落空间场所常见古榕绿荫之景。古榕多种植于村口或水边上。鳌头镇横江村口有棵树龄374年的细叶榕，为广州市在册二级古树，主要作为村口的风水树，称之为"迎客榕"。细叶榕树高16米，胸围8米，冠幅27米，生长旺盛。抗战时期，当地农民兵和军人曾在附近搭建据点，一起抗击侵略者，最终取得胜利。

◎从化区鳌头镇古榕

荔湾区信义路古榕 —— 荫庇四方佑群生

冲口街道联合围社区信义路有棵树龄146年的细叶榕，树高13米，胸围近7米，冠幅15米，为广州市在册三级古树。光绪年间，德国传教士进广州传教，有感于古榕的郁郁葱葱，荫庇四方，将德国教堂建于细叶榕旁。后来，德国教堂成为孙中山领导兴中会策划广州起义的秘密据点和武器收藏点。古榕亲历了革命先辈为推翻旧帝制血雨腥风的艰苦历程。

◎荔湾区信义路古榕

017

荔湾区鹤洞路古榕

"沙面建筑之父"手植榕

鹤洞路体育产业园有棵树龄112年的细叶榕，1910年由查尔斯·伯捷手植。树高18米，胸围7.5米，冠幅25米，主干全被气生根包围，为广州市在册三级古树。查尔斯·伯捷被称为"中国钢筋混凝土之父"和"沙面建筑之父"，主持修筑了沙面建筑群，同时把钢筋混凝土结构建筑引进中国。

1910年，伯捷在白鹤洞购地9亩建造了私宅，在宅前植下1株细叶榕。此宅曾是孙中山、蒋介石等民国政要商议军政要务的地方，后废弃荒芜。直至2014年，广州重新修缮伯捷旧居并对外开放，这棵古榕见证了100多年广州历史的风云变幻，仍然生机勃勃。

（本文作者：熊咏梅）

◎荔湾区鹤洞路古榕

二 荔枝

千年贡品　源远流长

> 荔枝（*Litchi chinensis* Sonn.），又称离枝、离子、荔子等，为无患子科荔枝属的常绿乔木，是岭南地区特色的果品乔木。荔枝在我国西南部、南部和东南部均有栽培，尤以广东和福建南部栽培最多。荔枝树冠宽广而干短，花期3~4月，果期6~8月，果成熟时紫红色，卵圆形至近球形，表面有瘤状突起，种子全为肉质假种皮包被。荔枝性温，味甘、酸，果肉具有生津止渴、益肝补脾、养气益血、温中止痛、补心安神、补脑健身的功效，对气血虚亏、少食乏力有辅助疗效。

荔枝得名　历史悠久

关于荔枝的记载，最早文献是西汉司马相如《上林赋》，文中写作"离支"，因荔枝保鲜期较短，采摘下来后易变色、变质，所以采摘时连枝条一同割下，以延长荔枝的保鲜期。李时珍在《本草纲目·果三·荔枝》注："按白居易云：若离本枝，一日色变，三日味变。则离支之名，又或取此义也。"进一步阐述了荔枝别名"离支"的由来。大约在东汉时期开始，"离支"才逐渐被写成"荔枝"。此外，荔枝还有很多代称名。如侧生、轻红、丹荔等。"侧生"缘自左思《蜀都赋》中"旁挺龙木，侧生荔枝"的语句；"轻红"缘自杜甫流落巴蜀期间，所写《宴戎州杨使君东楼》中的"轻红擘荔支"诗句；而

"丹荔"则是对荔枝色红的形象描述。

由文献推测，荔枝在中国栽培历史可追溯到2000多年前的汉代，故而品种繁多。人们通常根据荔枝成熟时节、果实和果核大小、果肉厚薄程度，以及生长环境来命名，常见品种有三月红、圆枝、桂味、糯米糍、挂绿、妃子笑、白糖罂等，其中桂味、糯米糍以其肉厚核小、果味甘甜而鹤立鸡群，亦是鲜食之选，而挂绿由于对地理环境要求高，栽培量较少，物以稀为贵，所以是更为珍贵的品种。

◎荔枝

◎黄埔萝峰村荔枝古树群

用途广泛　价值极高

荔枝属南国佳果珍品，与龙眼、香蕉、菠萝一同号称"南国四大果品"，享有"百果之王""佛果"等美誉。其肉厚汁多，清甜可口，不仅是鲜美的水果，也是很好的滋补品。其果肉富含糖类、蛋白质、脂肪、维生素和微量元素等，可用于缓解病后体虚、脾虚久泻、血崩等症状，也有利于促进微细血管血液循环，抑制雀斑，令皮肤更加光滑，深得女士喜爱。因其保鲜期短，古人很早就想到把荔枝果肉晾晒成果干，以便于储存。荔枝干兼具食用和药用价值，可与莲子、枸杞等滋补药材一起炖汤。荔枝木材呈深红褐色，纹理雅致，坚实、耐腐，历来都是上等木材，主要用于造船、做房屋顶梁柱。

◎荔枝新叶

千古文化　　悠远绵长

"一骑红尘妃子笑，无人知是荔枝来"，耳熟能详的千古名句，把荔枝贡品尤物身份表达得淋漓尽致。"百果皆以色味为贵，唯荔枝以千古文化独秀"，荔枝的美味，作为贡品的特殊身份，使其备受文人墨客关注，以其悠久的历史和意义深厚的底蕴，扎根千年历史长河而不曾衰败，创造和积累了丰富多元的荔枝文化资源。

2000多年来，文人骚客留下大量关于荔枝的文学作品，大致分为几类：一是记录荔枝源流、品种等，代表作有王逸《荔枝赋》，梁代刘霁《咏荔枝诗》、白居易《荔枝图序》、蔡襄《荔枝谱》等。二是着眼于古人大多生于中原，而荔枝生于边远之地，不为中原人所熟知的特点，以此表达人才被埋没的慨叹。以张九龄的《荔枝赋》为典型代表，其中"夫物以不知为轻，味以无比而疑，远不可验，终然永屈。况士有未效之用，而身在无誉之间，苟无深知，与彼亦何异也！"，反映出他写作的深刻用意。三是写官场失意却泰然处之，苏轼的"日啖荔枝三百颗，不辞长作岭南人"，惠洪的"老天见我流涎甚，遣向崖州吃荔枝"等，体现了主人翁当时身处逆境仍乐观豁达的人生态度。四是借荔枝题材来表达对现实的讽刺和批判，这也是荔枝文学题材最知名和最具价值的一部分。其中最脍炙人口的就是杜牧的七绝诗《过华清宫》中写"一骑红尘妃子笑，无人知是荔枝来"，杜甫《解闷》中的"云壑布衣骀背死，劳生重马翠须眉"，苏轼《荔枝叹》中的"宫中美人一破颜，惊尘溅血留千载"等，对当时朝廷无休止地盘剥搜刮民间百姓表示了极大不满和愤慨。五是借荔枝故事来描画社会人生百态，陆游《老学庵笔记》说："北方民家吉凶，辄有相礼者，谓之白席，多鄙俚可笑。韩魏公自枢密归邺，赴一姻家礼席，偶取盘中一荔枝欲啖之，白席者遽唱言曰：'资政吃荔枝，请众客同吃。'魏公憎其喋喋，因置不复取，白席者又曰：'资政恶发也，却请众客放下荔枝。'魏公为一笑。'"就反映了当时唯官是从的风气。六是借荔枝寄托情感，如宋代词人李师的诗句"两岸荔枝红，万家烟雨中"，即是表现其与佳人离别不舍，以娇红的荔枝作为他们离别之时的见证者。

乡村风情　故乡情怀

　　荔枝是自然界馈赠人类的鲜物，其独特的口感，是岭南人甜蜜的味觉回忆和眷恋故乡的情怀。南粤乡村的村前屋后，山前院外，独木庇荫的，成片翠绿的，常可见古荔树身影。山旁、路间、溪边，古荔树守候多年，蕴含着丰富多彩的岭南文化，流淌着人们心中丝丝缕缕的荔香。每到荔枝成熟季节，蝉鸣荔熟，一棵棵葱葱郁郁的荔枝树上，挂满了一颗颗浑圆饱满的鲜红果实，那一串串触手可及的荔枝，宛如一幅诗意水乡画卷，把岭南乡村独特的风情绘制成一道亮丽的风景。漫步乡村，一边品尝荔枝，一边欣赏荔景，十分惬意。一棵荔树一个形状，它们在自己的一方小天地，诉说着自己的故事。

◎永和贤江古荔

◎萝峰寺千年古荔

萝峰寺千年荔枝 —— 历经磨难　绝境逢生

　　44011201200201059，是广州目前有记载树龄最老的古荔枝树——萝峰寺千年古荔的身份证号码。此树位于广州黄埔区香雪公园玉岩书院（萝峰寺）内，据估测迄今有1021年历史，为一级古树。这株古荔枝极具个性，高5.1米，胸径0.8米，树干老而弥坚，内部空空如也，只留下半圈树皮顽强撑起了整个主干，满是沧桑。

　　这株千年古荔的来历，已无从考证。据民间传说，这株千年古荔枝树是一株"山枝"，为山上自然生长的荔枝，明代即已高达数丈、粗须两人合抱。现存《千年古荔碑记》纯属神话传说："昔年，吕纯阳（吕洞宾）云游四方，见萝峰怪石嶙峋，然紫气隐透，遂投金丹于石缝，须臾成树，次年林繁叶茂，花馥果甜，名曰荔枝，数年果木成林，仙人种果福荫后世。"古人对大自然充满敬畏之心，认为这棵山荔枝是老天为解人民疾苦，为破"五毒月"之毒而赠予人间的大吉之物，所以才有了荔枝的红红火火，又寓意破五毒、平疾苦、利安康之果。"荔果"寓意"利果"，更寓意国泰民安。

每年荔枝成熟时，方圆几里地的乡亲们欢聚一起，共庆丰收，但后来一场意外突然来临。据杨宝霖《广州地区下雪考略》，明嘉靖十六年（1537年）冬，番禺、南海大雪，满山树木大部分被冻死，这株古荔枝树也被严重冻伤，第二年枝丫渐腐，人们都认为它绝无生机。但古荔枝历经磨难，竟绝境逢生，到了第三年从树茎底部及往上0.6米、1.2米处，呈不同方向长出了3枝嫩芽，老树发新枝。古树虽然仅剩下半边树干，但依然生机勃勃，繁盛遒劲，腾挪而上，年年果实累累，经历千年风雨仍屹立不倒。

在千年古荔所在的山头，荔枝林立，郁郁葱葱，勾勒出一幅"美荔黄埔"的图谱。山上有一座被荔枝林围绕的古建筑，这就是玉岩书院。玉岩书院，又称玉嵒书院、萝峰寺，始建于南宋，至少已有800多年历史，为广州历史上12座著名书院之一，是广州现存最早、保存最好的书院之一。玉岩书院整体依山而建，因势造型，是全国罕见的将儒、释、道三家精髓糅合并与自然山水结合俱妙的书院之一，历史上还形成了"山楼望月""东亭观梅""玉屏春望""漱玉听泉"此"萝峰四景"。玉岩书院自宋代至元代作为学习场所，是宋代岭南主要学术流派"菊坡学派"的发祥地，开岭南宋代儒家文化一脉，是萝岗兴盛文风的象征。古荔先生，玉岩后建，见证着儒、释、道三家的融合。在长达800年文脉熏陶浸润下，千年古荔也增添了灵气，它与古建筑景观融为一体，有山、有树、有水。人们要么因古树而知书院，要么因书院而知古树，古树和书院成了大家心中共同的名片和珍贵的记忆。

增城广场挂绿 —— 果中之王　价值连城

增城区荔城街道挂绿广场前生长有1株荔枝树，树龄421年，属于二级古树。这株荔枝品种为"挂绿"，是蜚声海内外的西园挂绿母树。树高6.3米，胸径0.4米，生长旺盛，立于广场中央。这株挂绿荔枝有着不少民间传说，其中以何仙姑版本传说最为人所津津乐道。相传何仙姑是增城小楼镇人，16岁时不甘心嫁人，想修仙之道，逃到了罗浮山，并得道成仙。成仙后的何仙姑十分思念家人，于是便回家乡的荔枝园漫步，并在树上编织腰带给父母，离开时不小心把一条绿色丝带留在了树上，绿丝带随风飘绕在荔枝果上，于是荔枝上挂

有一条绿痕，挂绿荔枝由此得名。

增城是世界荔枝之乡。清朝初年，新塘是主要的荔枝产地，清朝中期，荔枝栽培在增城各地普及。挂绿荔枝是在清康熙八年（1669年）始见于文献记载，原产于增城新塘四望岗。后至嘉庆年间因官吏勒扰，百姓不堪重负而砍光挂绿荔枝，四望岗挂绿因此绝迹，至宣统时，只存县城西郊西园寺一株至今。这株挂绿古荔枝是增城挂绿荔枝的母树，增城境内的挂绿荔枝树，绝大部分是从母树上圈枝、嫁接而来。据1988年统计，这株挂绿荔枝的第二代、第三代有620株。时至今日，由母树繁衍而来的子子孙孙就更多了。

在盛产荔枝的岭南，"萝岗桂味""笔村糯米糍"及"增城挂绿"合称

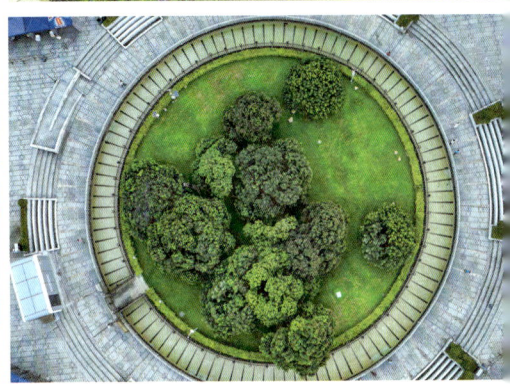

◎增城广场挂绿母树

"荔枝三杰"。增城挂绿更是古代荔枝贡果中的王者。挂绿荔枝成熟时蒂旁一边突起稍高，一边稍低，称之为龙头凤尾。颜色四分微绿六分丹红，有条绿线纵贯果身，似是"披红戴绿"。历代文人雅士对其赞誉不已，如清代诗人李凤修流传诗句："南州荔枝无处无，增城挂绿贵如珠。兼金欲购不易得，五月尚未登盘盂。"挂绿荔枝也因此而闻名中外。作为荔枝中的顶流，关于挂绿荔枝的新闻不绝于耳，2002年广州的拍卖会上，这株挂绿母树结出的荔枝果实挑选了10颗作为拍卖品进行拍卖，有一颗竟然拍出55万元天价，创下吉尼斯纪录。挂绿从此被誉为"天价荔枝"。

东井村荔枝

不惧风雨　一枝独秀

南沙区南沙街道东井村本埔的山脚下,生长着1株老荔枝树,号称"南沙荔枝王",距今约有200年,属于三级古树。这株古荔枝高10米,胸径1.85米,虽然是百年老树,但依然生命力旺盛,每到6月硕果累累。相传,东井原有一口水井,井水清甜,水是生命之源,有水便有人家,朱氏家族便迁移到此处定居。朱氏后人在古井旁栽种荔枝树,形成了荔枝树群,历经几百年风吹雨打,大部分荔枝树都消亡了,唯剩下这株古树一枝独秀。200年的风霜雨雪不仅没有摧毁它,反令它愈发顽强。这棵古树不惧风雨的精神激励了东井本埔世世代代的村民,也是本埔悠久历史的见证。

◎"南沙荔枝王"

黄埔区萝峰社区荔枝古树群
夏啖荔枝果清甜　乐游萝峰古树山

黄埔区是岭南地区久负盛名的荔枝之乡，其中水西、萝峰、贤江、笔岗等社区保留着许多百年荔枝树及荔枝古树群，是广东最大的古荔枝群落聚集地之一，保存了比较完整的岭南荔枝文化脉络。萝岗街道萝峰社区内有一座久负盛名的荔枝山，隐藏着由100株荔枝树组成的古树群——黄埔水西社区荔枝古树群，平均树龄达211年，平均胸径为130多厘米。得益于当地居民对古树群的爱护，这片荔枝山保存完好，产出的糯米糍与萝岗桂味、增城挂绿一同位列"荔枝三杰"。

黄埔地区流传着一句民谚——春戏禾雀花，夏啖荔枝果，秋品萝岗橙，冬赏香雪梅。荔枝和禾雀花、甜橙、梅花已成为黄埔四大生态文化品牌，堪称黄埔区的"四季名片"。每逢荔熟季节，许多市民慕名来游萝峰，争相品尝新鲜萝岗糯米糍。

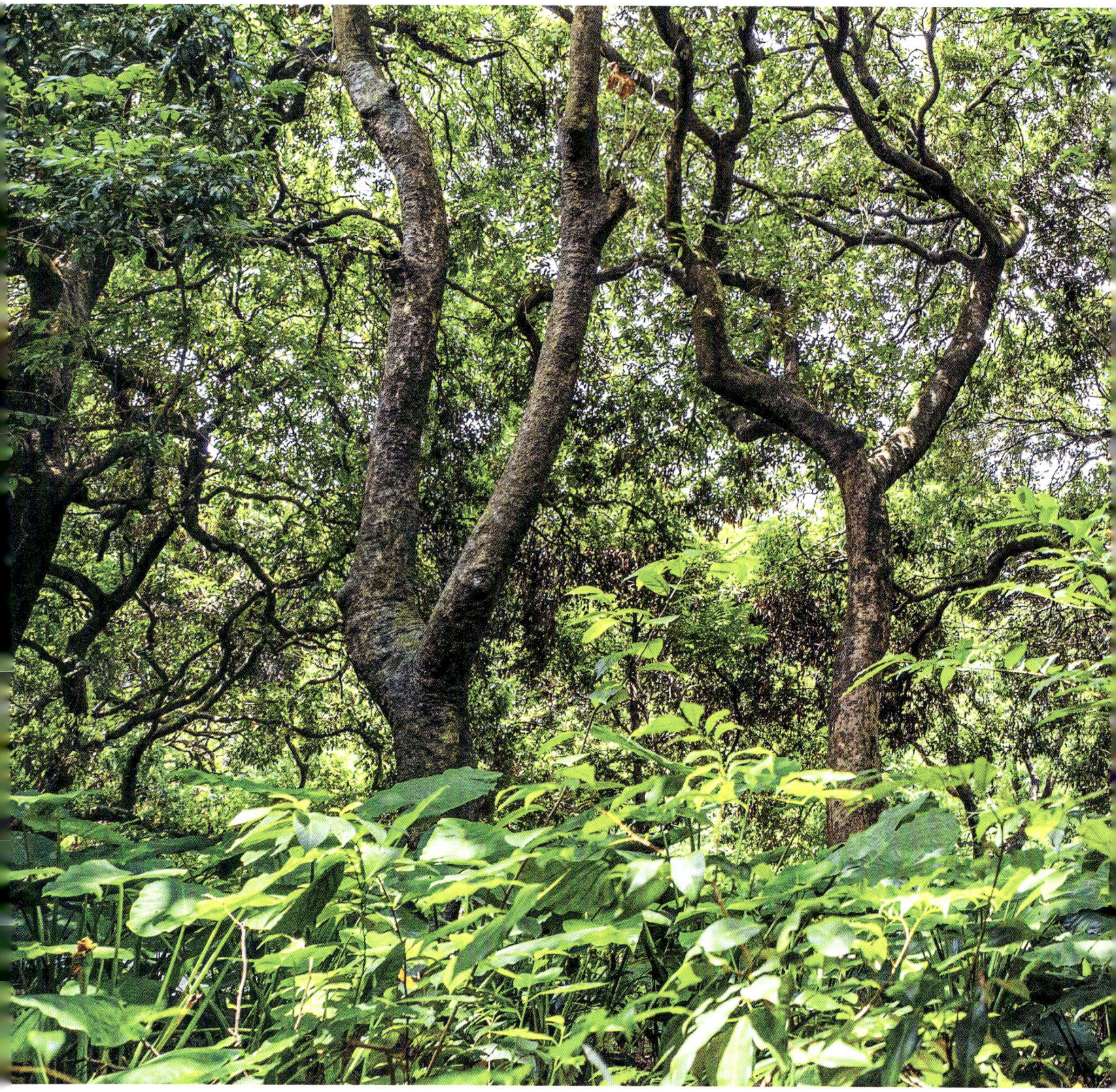

◎黄埔区萝峰社区荔枝古树群

永和贤江古荔多 —— 品种齐全　品质优良

广州黄埔永和街道贤江社区，是黄埔著名的水果之乡，有三分之二的山地适宜种植水果。这里气候温暖，光照充足，雨量充沛，土质松软肥沃，适宜荔枝生长。据村里老人讲述，贤江古荔枝林来源可追溯至贤江建村之始，贤江先祖刘廷广自南宋时从萝岗刘村迁至贤江定居之前，贤江已种有荔枝。据《增城县志》记载，明代初期，贤江已有连片荔枝栽培，明代中叶已驰名远近。清代学者屈大均在《广东新语》记载："荔枝以增城沙贝（现永和、新塘一带）所产为最。"贤江社区至今仍保留了两大古荔枝群，分布在黄旗山及后底山，相当数量的荔枝树龄在106年以上，连片面积达到6000亩以上，成年荔枝超过2万余株。贤江古荔群是全省乃至全国罕见的、保存完好的大规模连片古荔枝林。

◎永和贤江古荔

　　走进贤江古荔枝公园，沿着牌坊步行一会儿，便可看见由940余株古荔枝树组成的古树群，平均树龄约100多年，平均胸径约145厘米，古朴雅致。荔枝树枝丫繁茂，高低错落有致，树身苔痕斑驳，像极了古青铜器上的翠锈，枝干虬曲苍劲，凝结着岁月的风霜。夏季阳光穿过层层叠叠的树叶，在薄薄的青苔石板上洒下斑驳的影子。漫步在具有岭南特色的青砖古道、亭台栈道上，静静欣赏那挂满一颗颗"红宝石"的荔枝树，别有一番感触。

　　贤江荔枝有双肩红糯米糍、桂味、甜岩、娘鞋、雪怀子等12个品种，其中品质最好、远近闻名的，当数永和贤江"双肩红糯米糍"。其果大皮薄、核小肉多，果肉晶莹剔透、清香中带着香郁蜜味，可食率达86%，故当地民谣云："趁墟不买荷包饭，拣树先寻糯米糍。"

（本文作者：黄华毅　贺漫媚）

三　木棉

英雄之树

木棉（*Bombax ceiba* Linnaeus），又称英雄树、攀枝花。作为广州市市花，木棉既是广州绿化树种中的颜值担当，又是广州英雄城市的精神象征。

数量众多　分布广泛

木棉原产于亚洲热带地区，在我国主要分布于广东、海南、广西、福建、台湾等地。在广州市古树名木中，木棉超过200株，排名第5。木棉喜阳光充足的生长环境，不耐荫蔽，具深根性，适宜生长温度为20～30℃，能耐干旱，不耐低温，冬天不宜低于5℃。木棉宽阔的叶子可以起到隔噪、滞尘、净化空气的作用，可用作行道树和绿化树种，也是重要的热带经济树种。

迎春盛开　生机盎然

木棉是落叶大乔木，树高可达40米，是广州最高的开花乔木之一。先开花后吐叶，花期在3～4月。木棉花单生、形大、肉质，直径达12厘米，一般为红色、橙红色，亦有少数黄色。开花时全树无叶，甚是壮观。木棉树姿巍峨，花开时热情似火，就像一面面鲜红的旗帜。落花时亦不褪色、不萎靡，英雄地道别尘世。

烟花三月的广州，枝梢上浓烈绽放的木棉花仿佛一团团燃烧着的火焰，成为羊城街头一道亮丽的风景。广东俗语云，"木棉花开，冬不再来"。

堂堂正气　吟赏不绝

木棉经常出现在诗歌、散文等文学作品中，作为英雄的象征，表达英雄气魄和傲然风骨。最早称木棉为"英雄"的是清代诗人陈恭尹，他在《木棉花歌》中形容木棉"浓须大面好英雄，壮气高冠何落落"，赞美木棉树体高大，花色红艳，具有超凡脱俗的气质，象征挺拔伟岸的英雄形象。诗人屈大均在《南海神祠古木棉花歌》中也写道"十丈珊瑚是木棉，花开红比朝霞鲜。天南树树皆烽火，不及攀枝花可怜"，描写木棉花开时绚烂如锦的色彩，犹如英雄的满腔热血。在作家蔡遥炘的散文集《流水·行舟》中《三月红棉开》一文里，作者描写木棉树干粗壮、身姿挺拔、红花鲜艳，如同守护我们家园的英雄，激励人们奋发图强。

浑身是宝　大有可为

木棉是具有多种用途的经济树种，其果实、种子、花、木材、树皮等都有较高的利用价值。果实内的棉纤维不扭曲，松软而不易压实，可用作织物，床、椅、枕头等垫褥物填充材料。《番禺杂记》记载："木棉树高二三丈，切类桐木，二三月花既谢，芯为绵。彼人织之为毯，洁白如雪，温暖无比。"木棉纤维不导电也不导热，且具耐水力强、浮水力大等特点，可用于填充电冰箱的内壁，也可作为救生圈、救生衣等的填充材料；木棉籽含油率20％～25％，可榨油食用，或制作润滑油、油漆和肥皂等，加工后的油饼可作饲料或肥料；木棉花可食用，有除湿散热止痢的功效，晒干后可作中药，广东传统饮料"五花茶"，其中一花便是木棉花。《学海堂志》记载："花开则远近来视，花落则老稚拾取，以其可用也。"木棉材质轻软，易加工，干燥后少开裂，不变形，为轻工业用材，多作箱板、浮子、隔热层板、火柴、独木舟等；树皮含有丰富粗纤维，可用来造纸和纺织。

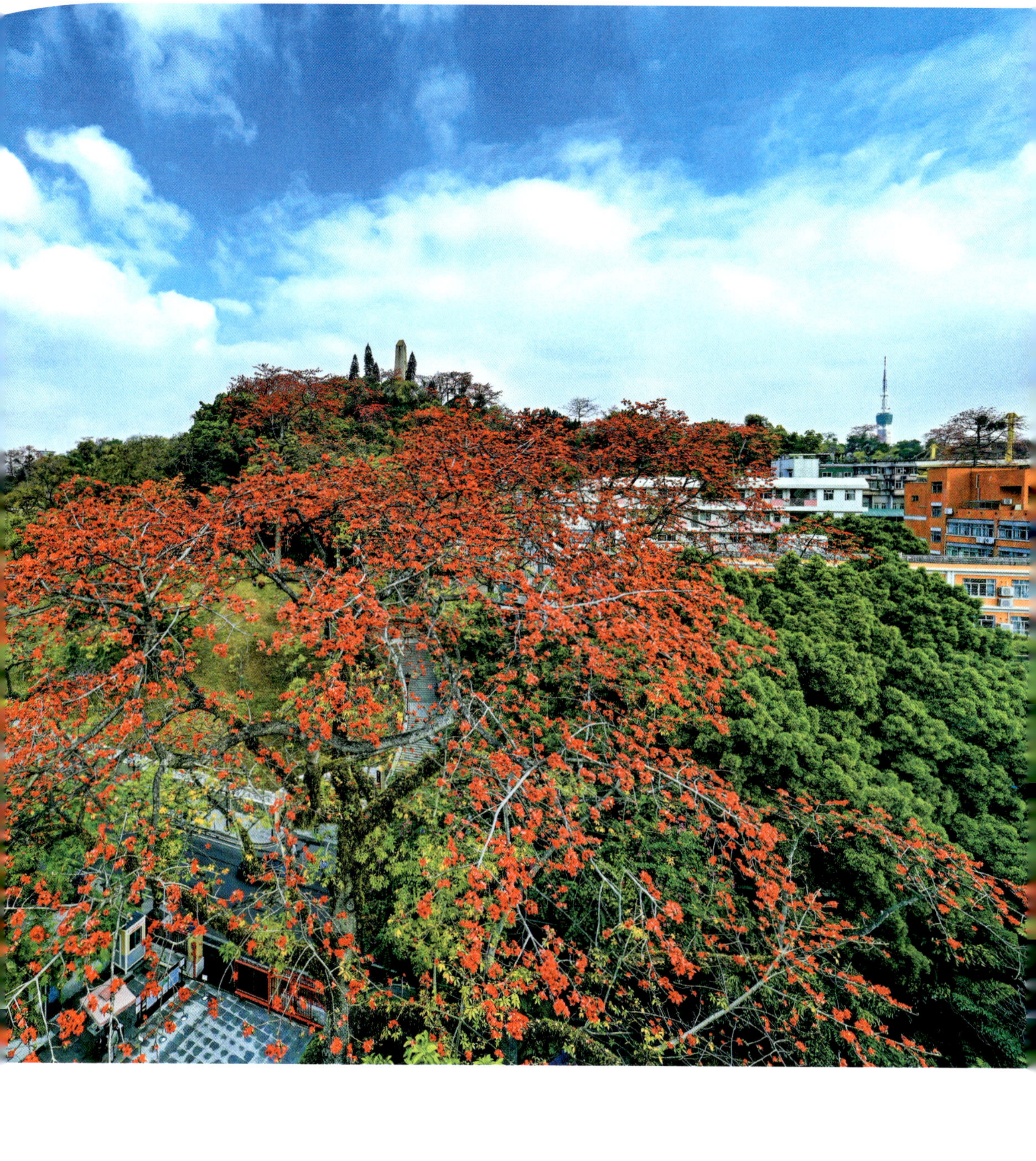

英雄之树　万古流芳

广州种植木棉最早的文字记载出现在宋代，在清代达到鼎盛，流传有"羊城古木棉八景"一说。到了民国时期和中华人民共和国成立后，木棉两度入选广州市花。在广州，人们对木棉有着特殊偏爱，木棉也像英雄般守护着广州，见证着城市发展。木棉与广州一路相伴而行，谱写着属于它们的动人故事。

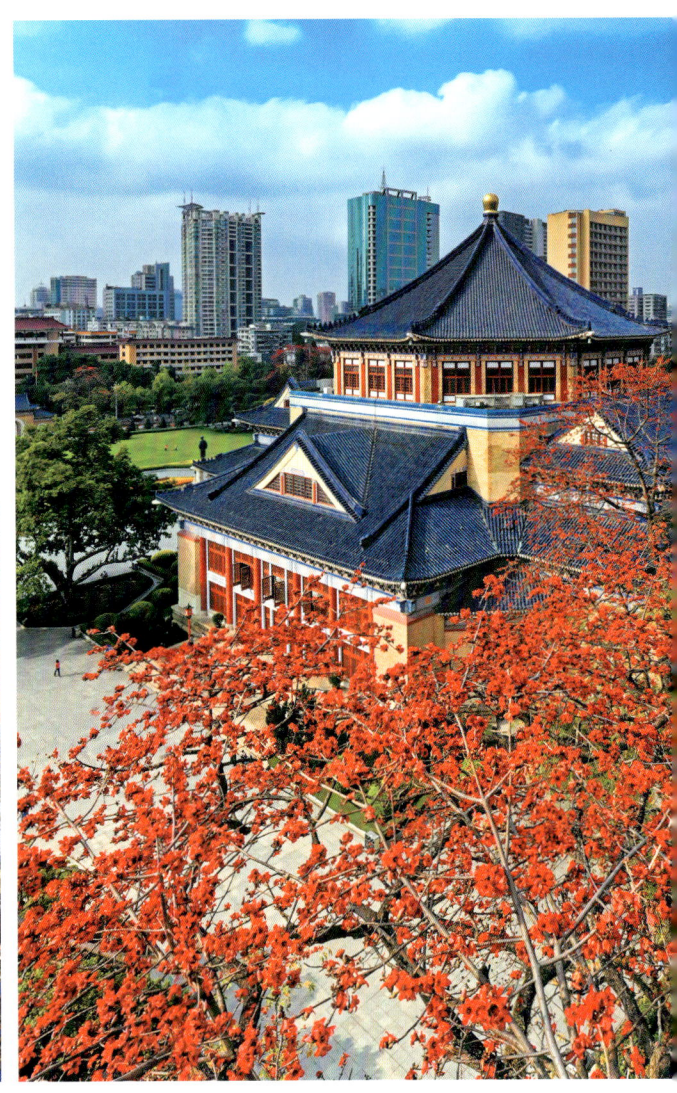

中山纪念堂木棉
极致绽放的最美木棉

中山纪念堂园区内共有29株木棉，其中有1株古树，9株胸径超过80厘米，是广州市珍贵的古树后续资源库。年龄最大的1株是位于东北角的古木棉，编号为44010400311300018，树龄超过352年，树高约27米，胸围约6米，冠幅约33米。2018年，这株苍劲古树被全国绿化委员会和中国林学会评为"中国最美古树"，因此，也被称为"木棉王"。"木棉王"亲历了清王朝的腐朽堕落、广州起义的英勇壮烈、孙中山先生的百折不挠和军阀陈炯明反革命叛乱，目睹总统府被夷为平地后又建起了一座全新的中山纪念堂。虽历经苦难，古树仍屹立不倒，风走云飞，斗转星移，细细品味着数百年的风霜，仿佛祖国母亲正张开手臂，迎接四海儿女的归来。

几百年沧海桑田，古树依旧苍翠挺拔，老而弥坚。每逢3月，古木棉盛开，花朵硕大而饱满，红如火焰，灿若云霞，极为壮观，闪耀着朝气蓬勃、积极向上的广州精神。古树下立有一块景观石，石上刻有广州市原市长朱光赞美红棉的词作："广州好，人道木棉雄。落叶开花飞火凤，参天擎日舞丹龙。人道是，三月正春风。"

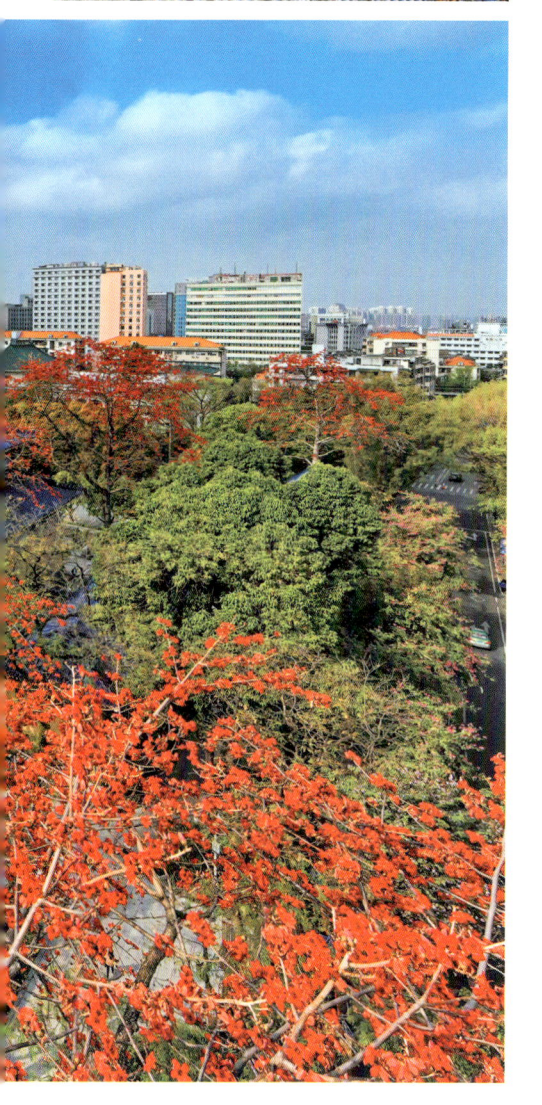

◎越秀区中山纪念堂木棉

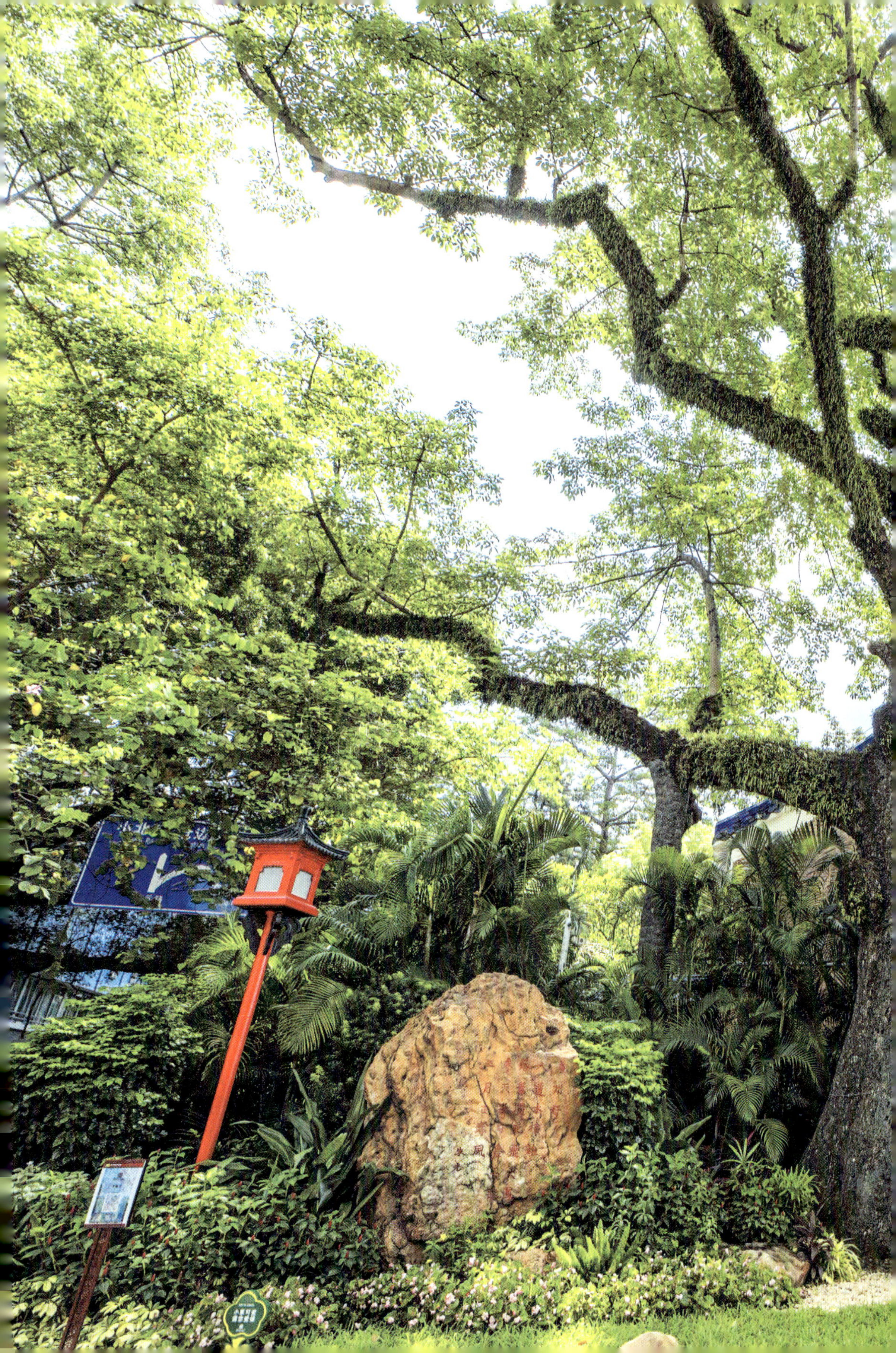

◎木棉树叶和花苞

◎越秀区中山纪念堂木棉

增城区石滩镇木棉

传承乡愁的最老木棉

广州市最老的木棉位于增城区石滩镇上塘村委会仙塘社，编号为44018310224201571，树龄超过368年，树高将近22米，胸围约5.5米，冠幅约20米。清朝初年，上塘村一位秀才亲手种植了这株木棉树。上塘村村民于南宋年间迁来，由很小的村落慢慢发展壮大。抗战时期，广州沦陷，民众深受日伪袭扰。广东人民抗日游击队东江纵队来到上塘村驻扎，镇守铁路等重要关口。其间，战士们多次动员村民们，发动大家团结起来奋勇抗击日本侵略者。战火最终没有蔓延到上塘村，游击队在完成任务后撤离，上塘村也迎来了稳健的发展时期，稻谷丰收，人丁兴旺。这株位于村口的木棉树宛如英雄般守护着村民，见证了古村千年的光荣历史。在英雄树坚韧挺拔、不屈不挠精神的熏陶下，上塘村的青年人踊跃报名参军，为国家贡献力量。

上塘村历史悠久，人文荟萃，古树资源丰富，村里现有百年古树20多株，其中一级古树和二级古树各1株。该村严格落实市、区关于古树保护的要求，开展古树名木资源普查工作，强化古树养护管理、抢救复壮等措施。

上塘村仙塘社的木棉古树见证着脚下村社的世代繁荣，村民认真呵护古树成长焕新。相信古树故事会一直延续，乡愁记忆会继续传承，人与自然的共生共荣将得到全新诠释。

（本文作者：张劲蒻）

◎增城区石滩镇木棉

四 大叶榕

满城尽带黄金甲

> 大叶榕[*Ficus virens* var. sublanceolata (Miq.) Corner]，学名黄葛树，为桑科榕属落叶或半落叶大乔木，广泛分布于我国华南与西南地区，喜高温湿润气候，生于旷野或山谷林中，常有栽培。其树形高大，姿态优美，枝叶茂盛，荫蔽效果好。根系发达，有板根，树皮呈灰褐色。花果期4～7月。

历史悠久　黄葛葱茏

早在北魏就有记载，大叶榕是广东对该种植物的俗称。郦道元《水经注》中记述，"江水迳阳关，又东右迳黄葛峡，又右迳明月峡"，即长江与嘉陵江汇合后穿过的第一峡为"黄葛峡"，因两岸黄葛树茂密成林、葱茏蔽天而得名，可见黄葛树历史悠久。东汉杨孚所著《异物志》描述榕属植物发育过程："榕树栖栖，长与少殊，高出林表，广荫原丘，孰知初生葛蘽之傅。"宋人乐史的《太平寰宇记》则生动地描述了大叶榕外貌特征："双树对植，围各两三尺，上引横枝亘二丈，相接连理，庇荫百丈，其名为黄葛。"到了清朝，督学吴省钦在《黄葛树考》中确定黄葛树是一种大叶子榕树，从此"黄葛树"叫法沿用至今。

春季落叶　满地金黄

大叶榕具有春季集中换叶特点，且季相变化十分丰富。冬末初春，叶片由深绿变为金黄，为城市带来灿若深秋的景观，风儿吹拂，叶片纷纷落下，仿佛秋色在这方寸之间停驻了。大叶榕属于泛热带分布的半落叶树种，泛热带植物特性是在旱季落叶，而广州初春正好与热带地区旱季时间对应，这是大叶榕在广州初春落叶的主要原因。落叶后1~2周内萌发新叶芽，随着雨季到来长出翠绿嫩叶，焕发勃勃生机。夏季绿叶葱葱，犹如一把天然绿伞为人们遮阴纳凉。秋冬叶片由翠绿变为深绿，树叶在秋风中摇曳，萧萧飒飒，如乐曲般美妙动听。

根系发达　生命顽强

大叶榕生性强健，根系发达，苍劲粗壮，深深扎进土壤，紧紧地盘踞于地面，还长有板根及支柱根，板根以树干为中心向外延伸，支柱根则支撑树体向上生长，部分气根入地成茎干，蕴含着"母子世代同根"的寓意，也象征旺盛的生命力，以及不屈不挠、奋发向上的精神。发达的根系使得大叶榕既能生长在潮湿的河岸水边，也能生长于贫瘠的石壁之上。此外，大叶榕作为广州城市绿地中鸟类最喜欢取食的食源树种之一，其果实成熟时呈红褐色，容易吸引鸟类取食而传播种子，只要水分、温度、土壤条件合适，即能萌发。

因其顽强的生命力，在广州的大街小巷、景区公园、校园大院、乡间祠堂，随处可见大叶榕挺拔的身影，它见证着城市变迁，陪伴着城市发展，成为广州这座千年古城最宝贵的生态资源。

古树众多　　蔚然成风

广州的古树名木中，大叶榕约有190株，排第7位，在桑科古树名木中数量排第2位，仅次于细叶榕。大叶榕生命力顽强，具有耐高温、耐贫瘠、耐干旱的生态特性，对二氧化硫、氯气和粉尘等抗性佳，能适应复杂的城市环境，因此自然生长的百年大叶榕比比皆是。大叶榕生长快、耐修剪，萌发能力强，寿命长，被广泛应用于广州城市绿化中，具有浓郁的人文、历史、生态景观特色。大叶榕用它的浓密树荫装点着城市、庇护着人们，也为众多鸟类提供了栖息场所和觅食来源。走进树荫，不仅可以观察到白头鹎、红耳鹎、乌鸦、暗绿绣眼鸟、鹊鸲等鸟类，还可以聆听到它们带来的天籁。

仙师宫大叶榕 —— 相依相伴　共生共荣

在广州白云区仙师宫前，有2株高大的大叶榕并肩而立，相伴而生，长势良好。据历史记载，树龄约334年，属二级保护古树。面对仙师宫，左侧一株高12.5米，胸径4.88米，树形优美，树干略扭曲，树冠饱满；右侧一株高17.5米，胸径6.38米，主干二分叉，各自向外延展，有偏冠，一枝分叉向另一株古树靠拢，甚为奇特。2株大叶榕在仙师宫前相伴相依宛如一体，浑然共生，早

◎仙师宫大叶榕

已成为村中的风水树,庇佑村落的兴旺发达。由于榕树具"母子世代同根"的特性,承载着人们与村落共生共荣、和谐兴旺的美好愿望,同时也寓意村落村风和谐,发展繁荣昌盛。2株古树相依的姿态仿佛一对守护者,夏天为人们遮蔽烈日,冬天为村落抵御寒风,呈现出一幅人与自然和谐相处的美好画面。平时,村民们在树荫下聊天散步,惬意悠闲;到了周末,不少市民前来寻访古树,在与古树互动的过程中感受古树身上自然的呼唤、历史的积蕴和人文的记忆。

据仙师宫内石碑记载,明朝时,陈氏秀甫公敬仰王老仙师,故随身佩戴刻有仙师标记的小牌。当时秀甫公负责运粮上南京,同行皆遇贼寇,独他平安无事。当朝皇帝得知后,便将王老仙师敕封为护国庇民仙师,自此陈氏便将其奉为族中恩神,仙师宫也因此香火鼎盛。

大佛寺大叶榕 —— 千年古刹　百年黄葛

坐落于惠福东路大佛寺弘法大楼前的大叶榕，树龄约230年，属三级保护古树。树体高大，约22米；茎干粗壮坚实，胸围7.43米，树干二分叉，有冲破云层、直达天际之势；盘根错节，大枝横伸，枝杈繁茂，小枝斜出虬曲；树冠扩展，树影婆娑，平均冠幅为21.95米，绿叶油亮，生机勃勃。当阳光从枝叶交错的缝隙中漏出，金色的檐角在斑驳树荫下闪耀着奇异的光芒，微风吹拂，绿色树荫在金木色的殿前翻涌，清幽凉爽，沁人心脾。

古寺生古树，树映古寺，寺佑古树，两者相依相存。枝劲叶茂的百年大叶榕巍然屹立于大佛寺主殿前，是大佛寺中的活文物，宛如一位慈祥的老者庇佑着古寺。大佛寺始建于南汉时期，迄今已有1000多年历史。元明时期曾再建、扩建。据《番禺县志》记载，清顺治六年（1649年）毁于火，康熙三年（1664年）平南王尚可喜捐资在此地重建佛寺。建成后大雄宝殿高18米，建筑面积达1277平方米，寺内精铸三尊高6米、重10吨的铜佛，时人称"人过大佛寺，寺佛大过人"，当时佛寺之大，大佛之大，堪称"岭南之冠"，大佛寺之名也由此而得。

大殿仿京师官庙制式，兼具岭南风格，所用巨型楠木柱为安南（今越南）王所捐赠，历经近350年仍完好无损，具有较高文化艺术观赏价值，1993年被列为市级文物保护单位。

◎大佛寺大叶榕

广州市西关外国语学校大叶榕 —— 亭亭如盖　荫庇一方

荔湾区荔湾湖畔、仁威古庙北面的广州市西关外国语学校内，生长着1株树龄212年的大叶榕。主干粗壮，高达26米，胸围达5.65米。虽被房屋包围，但无法阻止其茁壮生长势头，犹如在校园内撑开一把绿色巨伞，平均冠幅达25米，树影婆娑，甚是优美。

古树所处片区为广州荔湾赫赫有名的泮塘，主要指龙津西路、荔湾湖公园以及泮塘路、泮塘村、泮塘五约一带地区。泮塘古时为广州城以西的大片郊外，曾经是一片汪洋池沼，由于珠江泥沙冲积，在唐朝以后才开始逐渐形成陆地。该处唐朝时为郑公堤、南汉刘氏皇家御苑华林园所在，是西御苑旧址之一。由于这片区域地势低平，多半为池塘、洼地，故人们将广州郊西"自浮丘以至西场，自龙津桥以至蚬涌，周回廿余里"的大片区域，约定俗成地称为"半塘"，后演化为"泮塘"。当地人在塘边筑基，基上栽植荔枝、龙眼，池塘里则种植莲藕、菱角、慈姑、马蹄（荸荠）、茭笋等，因其质量上乘，被誉为"泮塘五秀"，闻名至今。

"半塘"演化为"泮塘"，相传因一位先生游历到此地，认为"半塘"之名不甚好听，"泮"更为古雅动听，村民听闻觉得"泮"有"入泮"之意（清朝称考中秀才为"入泮"），欣然接受并沿用至今，还兴建了文塔供奉文曲星。"泮塘"之名，既有地理景观含义，也饱含深厚文化底蕴，寄托着人们期望学子"入泮"成才的美好愿望和祈祷当地文运昌盛之意。

仁威庙旁的这株大叶榕，见证了一代代文人学子的成长故事。大叶榕所处的位置，今为广州市西关外国语学校。每逢春季，踏着黄叶、伴着沙沙声响的上学堂情景，是莘莘学子美好的集体回忆。

说起古树，不得不提及比古树历史更悠久的仁威祖庙，始建于宋代，为道教庙宇。庙名"仁威"来源于一段故事，话说泮塘当年有兄弟二人，兄名"仁"，弟名"威"。有一天，兄弟俩去打鱼发现一块怪石，拾回家中立为神像，从此"生活顺景，得心应手"，后传遍乡里，十里之内，参拜者众。到乡里集资修建庙时，乡人便将庙名改为"仁威"了。明清维修扩建后，形成目前广三路深四进的布局。仁威祖庙以其精湛的岭南古建筑艺术而著称，庙内可见精美的木雕、玲珑剔透的砖雕、粗犷的石雕以及工细劲秀的陶塑、灰塑，让人叹为观止。

守护好古树名木，是为了留住乡愁记忆，除了古大叶榕，泮塘片区还散生着十余株细叶榕、樟树、扁桃等古树。自2010年起，广州市政府对泮塘片区开展了多轮城市微改造，一是修复荔枝湾河道，重现了"一湾溪水绿，两岸荔枝红"的岭南水乡风貌；二是改造泮塘五约，为900年岭南古村注入新活力，形成了荔枝湾景区，串连仁威祖庙、荔湾湖公园、西关大屋、文塔等景点。漫步其中，可以欣赏到绿美古树、人文古村与城市发展交相辉映的美好场景。

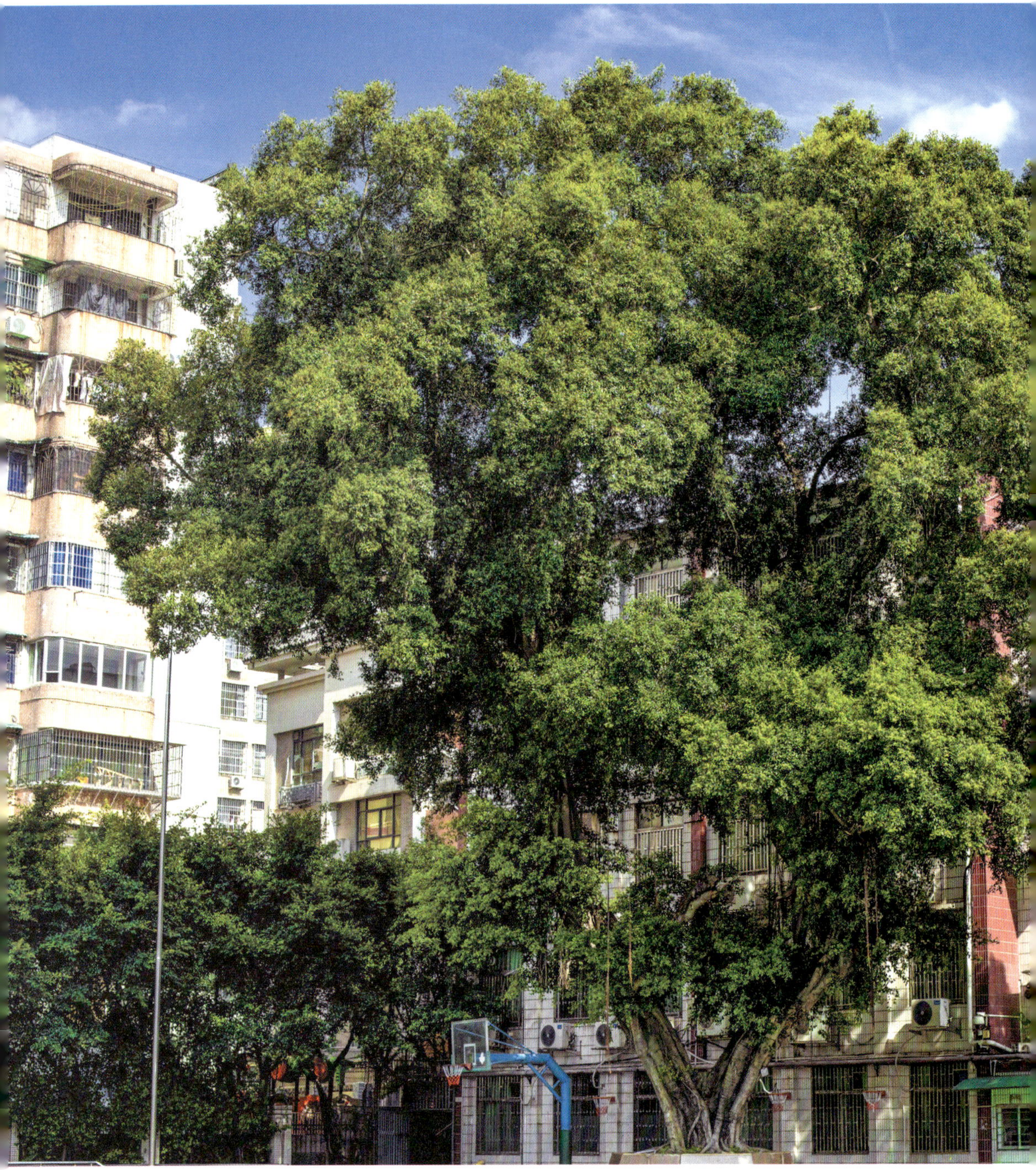

◎广州市西关外国语学校大叶榕

广州市政府大楼大叶榕
绿叶盖地见历史

广州市政府大楼礼堂前生长着1株大叶榕,距今有293年,高19米,胸径达19.5米,是广州古树名木中胸径最大的古树。它紧紧依偎在礼堂旁,主干离地后一分为三,枝枝壮硕、伟岸挺拔,冠大荫浓,平均冠幅27.5米。树体基部根瘤虬结,犹如一只瑞兽伏于树干,又如一座大山巍峨屹立,远观如巨型天然盆景,堪称奇绝。这株绿叶盖地的大叶榕见证了广州的历史变迁。位于府前路的广州市政府大楼前身是陈济棠主政时期的广州市政府合署办公大楼,处于广州传统中轴线上,由著名建筑设计师林克明设计,建筑风格和布局均为配合中山纪念堂而定。大楼坐北朝南,大量使用了中国传统建筑元素,黄琉璃瓦绿脊,红柱黄墙白花岗石基座,整座建筑庄严古雅。广州市政府大楼1931年7月奠基,1934年10月建成后作为合署办公大楼,南面道路因此改名为"府前路",沿用至今。1938年至1945年,该办公大楼被日军侵占,直到1945年9月抗战胜利以及1949年10月14日广州解放后,10月28日广州市人民政府成立。同年11月,府前路举行解放广州入城仪式以及庆祝广州解放大会,市府门前月台作为检阅台见证了这一重要历史时刻。1989年,广州市政府大楼被认定为市级文物保护单位,与古树相守至今。

(本文作者:黄华毅 钱万惠)

◎广州市政府大楼大叶榕

五　秋枫

全能担当的植物

秋枫（*Bischofia javanica* Blume），隶属大戟科秋枫属，常绿或半常绿大乔木，高可达40米，树干圆满通直，分枝较多，三出复叶，雌雄异株，花开于4~5月，果熟于8~10月。秋枫常见于我国南方省份，以及东南亚和太平洋地区，适于遮阴。

广州市目前在册秋枫古树有117株，其中增城区71株，在各区中数量最多，其次黄埔区17株，从化区13株。这些秋枫古树或隐藏于风水林中，或挺拔于老屋前后，或数株伴生于街心公园，或独处于路边市井，默默地撑起一片树荫，点缀着美丽的城市和乡村，呵护着过往行人。它们历经百年，见证着社会的变迁、时代的发展和人们生活水平的提高。

此"枫叶"非彼"枫叶"

如果简单地说"枫叶"，既可以包括南方地区常见的金缕梅科枫香树属（*Liquidambar* L.）植物枫香树的叶子，也可以指南方和北方都普遍生长的槭树科槭属（*Acer* L.）植物叶子。这些"枫叶"的共同特点就是叶片掌状分裂，秋天时可变成黄色或红色，挂于枝头时层林尽染，飘落大地时秋色琳琅，文人骚客、书家画家们常为此吟唱作诗、挥毫泼墨。20世纪90年代流行的粤语歌曲

《片片枫叶情》中一段"爱似秋枫叶,无力再灿烂再燃;爱似秋枫叶,凝聚了美丽却苦短"的歌词,表达了恋人离别时的依依不舍之情。但这些枫叶与广州的乡土植物秋枫并非同一种植物。广州的秋枫很少落叶,也几乎不会变颜色。

绿意盎然　色色俱全

广州的秋枫较少落叶,四季均可遮阳,不但是优良的园林绿化树种,还是许多鸟儿采食做巢的栖息地。

秋枫是吸收城市空气中二氧化硫和其他有害气体的好帮手,而且滞尘力强。有研究表明,1公顷秋枫林每天能分泌出约20千克杀菌素,可杀死白喉、结核、痢疾等病菌,是"纯净"空气的制造机。秋枫木材结构细密,比较耐腐蚀,可供建筑用材;果肉淀粉含量高,可以作为酿酒的原料;种子可食用,也可提取润滑油;根有祛风消肿作用,主治风湿骨痛、痢疾等。

秋枫根系发达,抗风力强,耐水湿,生命力旺盛,也极少有病虫害。广州的气候与土壤条件极适合秋枫生长,秋枫与广州这片土地"一拍即合",注定延续了千百年的缘分。秋枫在岭南大地上拥有了自己的一片绿意,写下了属于自己的诗篇,成为广州人民的"老朋友"。目前在广州各风景区与民居周边,仍然保留着大量秋枫古树,从化区的"夫妻树"便是其中之一。

秋枫无人晓　唯知"夫妻树"

在广州市从化区江埔街道锦二村下队村委会43号前,有一株被当地人叫作"夫妻树"的植物。刚看到这株树木时,以为是一株普通的榕树,为什么会叫作"夫妻树"呢？原来这株独立生长的秋枫树旁边长出了1株榕树，在生长过程中榕树不断缠绕秋枫主干，包裹秋枫主干，慢慢与秋枫"合体"，难辨"秋枫""榕树"，只有在树冠顶端三出复叶才能辨认秋枫。据测定，这株编号为44018400220100010的秋枫古树高达21米，已经有424年树龄，胸径约297厘米，东西与南北冠幅都达30米，为二级古树。

问起"夫妻树"，当地村民无人不晓。据了解，这株"夫妻树"在锦二村建村之初便存在了，原以为被榕树绞杀的秋枫，竟然顽强地成活下来。村民们

◎秋枫古树

对此感到惊奇，认为这是吉祥的征兆，于是将这株"夫妻树"当作风水树，在它周围开设店铺，修建果园、小公园等。"夫妻树"护佑着村民们的平安，见证了锦二村从小山村发展成"世外桃源"的历史。

（本文作者：王鹏翱　王瑞江）

六 龙眼

岭南佳果　传颂千年

> 龙眼（*Dimocarpus longan* L.），又称桂圆、羊眼果树、圆眼，为无患子科龙眼属的常绿乔木，是岭南地区的特色果品乔木。龙眼在我国西南部至东南部广泛栽培，在广东、广西南部及云南可见生长于疏林中的野生或半野生植株。龙眼树形美观，枝干挺拔，一般高10余米，具板根，生命力顽强，岭南常见几百年甚至上千年的龙眼古树。花期在春夏间，花序密被星状毛，花瓣乳白色；果期夏季，果近球形，常黄褐或灰黄色，稍粗糙，稀有微凸小瘤体，种子全为肉质假种皮包被。龙眼果实可鲜食，或加工成干制品，肉、核、皮及根均可作药用。

正义化身　庇佑乡里

龙眼被视为正义的化身，源自民间传说。相传，东江两岸的村民本过着安定祥和的生活，不料有天突然出现一条恶龙，兴风作浪，祸害村民，村庄的宁静从此被打破。村民们无奈之下，虔诚祈求神明庇佑，神明随即派雷神擒拿恶龙。大战中，恶龙的一只眼睛被打出来，刚好掉到东江附近一口井里，之后恶龙被雷神降伏，东江两岸村民生活又恢复了往日的平静安宁。不久那口井里长出一株树，来年结满黄褐色球形果子，极像恶龙的眼睛，村民品尝后觉得非常清甜可口，认为这是神明为补偿恶龙造成的破坏，而馈赠给他们的礼物，从此村民便将这种果子叫作"龙眼"，而这株树就叫"龙眼树"。因为这个传说，龙眼也代表着正义。人们把龙眼树种植在东江两岸，以期庇佑乡里，祈求风调雨顺、安居乐业。

寓意"吉祥" 富贵团圆

历史上有"南桂圆，北人参"之说，龙眼与荔枝、香蕉、菠萝一同号称"南国四大果品"。每到7～8月龙眼成熟季节，一棵棵龙眼树挂满串串沉甸甸的淡黄色龙眼，微风吹拂，果香四溢，令人垂涎。龙眼又名"桂圆"，寓意"富贵团圆"。据传宋徽宗的皇后身体欠佳，遍请名医、用尽名贵药材却效果不佳，束手无策时，正逢岭南龙眼进贡入宫，皇后品尝后顿觉食欲大振，身体逐渐恢复了元气，宋徽宗遂称龙眼为"桂元"。龙眼果实是圆的，而"桂"和"贵"谐音，所以称作桂圆。由于寓意吉祥，且为滋补佳品，龙眼备受人们喜爱，常与红枣、莲子、花生一起放在新人的床铺上，寓意早生贵子，也因此龙眼树在庭院、祠堂内外等处多有种植，期盼家宅兴旺。

◎从化区温泉镇南平村木棉社龙眼树

◎龙眼树叶和花

药食同源　　木雕良材

龙眼作为一种热带水果，富含碳水化合物、蛋白质，以及多种氨基酸、维生素和微量元素，其整体均可入药。《本草纲目》中写道："食品以荔枝为贵，而资益则以龙眼为良。"龙眼果肉晒干，称作龙眼干，又称作桂圆肉，有温补脾胃、补益心脾等作用。古药方"归脾汤"就是用龙眼、白术、茯苓、黄芪等组方，治疗思虑过度、劳心伤脾、食欲不振、气血两虚。龙眼核性平，味苦涩，归肝经、脾经，压碎煲水代饮，具有行气散结、止血止痛等功效。龙眼壳性温，味甘涩，晒干后煮水服用，具有祛风散邪、敛疮生肌等功效，可以调理风邪引起的头疼，预防老年人听力下降。树皮性平味苦，口服具有解毒敛疮的功效，含有抑菌成分，可用于治疗跌打损伤。

龙眼树材质坚实，木纹细密，色泽柔和，耐水湿，是造船、做家具和细工等优良材料。龙眼树根部虬根疤节、姿态万状，可用做木雕。龙眼木雕在南派木雕中具有代表性，独具风格。

千年贡品　　岭南双姝

龙眼和荔枝是岭南水果中的两大代表，但无论在人们印象里，还是在文学作品中，龙眼的知名度远低于荔枝，而荔枝和龙眼又似近亲，常常一并被谈及。魏文帝曾诏群臣："南方果之珍异果者，有龙眼，荔枝，令岁贡焉。"形象描述了古人常把龙眼和荔枝认作同类果实。古往今来，荔枝和龙眼就不分家。明朝诗人黄仲昭在《八闽通志》中说"龙眼树似荔支，而叶微小，皮黄褐色，荔支才过，龙眼即熟，故南人曰为荔支奴"，介绍了龙眼和荔枝的区别。《廉州龙眼质味殊绝可敌荔支》中写道"龙眼与荔枝，异出同父祖，端如甘与橘，未易相可否"，也说明荔枝和龙眼其实是同属两个不同分支的水果。苏轼钟爱荔枝，"日啖荔枝三百颗，不辞长作岭南人"；对龙眼也另有一番喜爱，"坐疑星陨空，又恐珠还浦。图经未尝说，玉食远莫数"，用星辰和珍珠比喻龙眼，足见苏轼对龙眼的推崇。

保护与利用并重　　守护与传承辉映

广东省龙眼种植历史悠久，保存了大量古龙眼树，树龄最大的有1900多年。古树留存至今，离不开古树守护人的努力与付出，延续了广东荔枝龙眼文化的千年历史积淀。产业持续提升有赖于世代相传的工匠精神，潜心塑造优质荔枝龙眼，辛勤耕耘结硕果，传承创新促振兴。

◎龙眼

洪秀全故居龙眼树

古树长青 尤励今人

花都区大布村洪秀全故居内，古井古树是当地百年历史变化的见证者，承载了当地的集体记忆。故居内有1株龙眼树，树龄188年，相传是洪秀全少年时期所种，既属于三级古树又属名木。高6.8米，胸径1.75米，树体主干曾遭受过雷劈而裂成两半，树冠茂盛宛如华盖，枝干苍劲有力，远看似一条苍劲的卧龙，五条分枝又好像长剑，笔直顶天。这株龙眼古树的背后流传着一段传奇故事。相传古井旁边原只有石头，没有泥土，因此依井栽树难以成活。村中老人把难题交给了村里年轻人，并鼓励说"谁能在水井旁种活一棵树，日后定能成大器"。参加童子试并入选的洪秀全在水井旁种下了一棵龙眼树，这棵龙眼树奇迹般地存活下来，最终长成了遮天蔽日的大树。

◎洪秀全故居龙眼树

太平天国运动失败那年,龙眼树遭到了雷击,奄奄一息。清军曾两次想要销毁这里的所有事物,包括这棵古树,后想以树木残姿威慑百姓,若敢与清廷作对,其下场将如此树一般惨烈,便没有将树木摧毁,这棵古树得以幸存。然而,村民对这棵岌岌可危的龙眼树悉心照料,最终古树凭借着顽强的生命力重新发芽抽枝,又长成参天大树。

承载着百年历史的古树已经成为当地的历史文化名片。洪秀全故居通过举办历史教育活动、讲解龙眼树的故事等,教导孩子们学习历史文化,领略和传承古树由一息尚存到生机勃勃的顽强精神。薪火相传的革命斗争精神和古树顽强存活的故事,赋予了古树生命的意义,成为鼓励人们面对挫折迎难而上的活教材。

◎洪秀全故居龙眼树

钱岗村龙眼树 —— 鸳鸯古树 百年古祠

从化区钱岗村始建于宋代，距今已有800多年历史，比从化设县早200年，可谓是"未有从化，先有钱岗"。钱岗古村内迂回曲折、错落有致，是保存较为完整的典型广府村落。2000年，钱岗古村被广州市人民政府公布为历史文化保护区。

钱岗村广裕祠镇华门旁有2株龙眼古树，树龄分别为130年和184年，属三级保护古树。当地村民一直将这2株龙眼古树认作风水树，并称它们为"鸳鸯树"。2株龙眼树沧桑古朴，相伴而生，枝条延伸相互交叉，挺拔屹立在镇华门前，向人们诉说着古村落的历史，又似是情侣一般携手守护着钱岗村的安宁。

（本文作者：黄华毅　赵志刚）

◎钱岗村龙眼树

七 杧果

杧花葳蕤　果香满盈

> 杧果（*Mangifera indica* L.），又名檬果、芒果、莽果、蜜望子、望果、马蒙等，是常绿大乔木，著名热带果树，果实味美；果皮供药用，为利尿、浚下剂；叶和树皮可为黄色染料；树皮含胶质树脂；木材宜制舟车等。在被子植物大家庭中，属于漆树科（Anacardiaceae）。在漫长的植物系统演化历程中，这个家族的植物种类主要在地球的热带、亚热带区域开疆拓土，建立自己的生态圈。在中国广东、广西、福建、云南、台湾等省份海拔200~1350米的山坡、河谷林中，偶有杧果家族成员分布，但野外已难见其踪影，目前多见于果园、城市绿地和村旁屋后等区域。

热带果王　造福一方

杧果的果实色泽鲜亮，果肉鲜美，味道独特，被誉为"热带果王"。目前全球杧果种植面积超过650万公顷，2020年世界粮农组织统计产量超过5500万吨，仅次于柑橘、香蕉、葡萄、苹果，位居世界水果种植面积的第5位。印度杧果种植面积最大，在160万公顷以上，占该国果树总面积的70%，其产量居世界首位。我国是世界杧果主产国之一，2020年全国种植面积接近35万公顷，产量达330万吨，位居世界第3。杧果如今已风靡全球，各种以杧果为原材料的

"衍生产品"——果酱、调味料、果汁等琳琅满目，以其独特香味和丰富营养征服了人类的味蕾。

杧花雪风　笔墨生香

　　历代古人关于杧果的诗文寥寥，而描写杧果花的却不少。隋唐年代齐己"枫叶红遮店，芒花白满坡"，宋代陈宓写的"蓝水秋来八九月，芒花山瘴一齐发"及王琪作"芒花作雪风，飞舞来沧海"等，生动再现了杧果树万花齐发，犹如六月飞雪的盛景。也有文章描绘，外出采春偶见杧果花盛开，花满树冠，葳蕤压枝，煞是好看。忽想起俚语有云"胖过沙桐胖，假过杧果花"之说，偶尔得句："团团簇簇满冠霞，占尽风光意自奢。岂奈含菁太轻薄，华无其实剩些些。"可见，杧果花盛放之景给人印象深刻，引人注目，留下笔墨。

药食两用　功效显著

　　杧果也是一种中药材，具有益胃、生津、止呕、止咳之功效。《纲目拾遗》中描述："船晕，北人谓之苦船，此症多呕吐不食，登岸则已，胃弱人多有之。蜜望果甘酸，能益胃气，故能止呕晕。"印证了杧果可止呕吐。《华南主要经济树木》中提到：杧果的成熟果可用作缓污剂和利尿剂，种仁可做杀虫剂及收敛剂，核可供药用和染料用，花可入药和食用，亦为主要蜜源植物。

植根岭南　焕发生机

杧果树株形良好，树冠庞大，之所以能在热带、亚热带地区广泛种植，不仅在于其"食"，还在于"实"。岭南地区地处亚热带，漫漫长夏，酷暑异常。杧果树四季常绿，亭亭如盖，郁闭度高，常被作为庭园与行道树种，兼具观赏与遮阳效果。它不仅适应岭南地区的气候特征，更与岭南地区勤劳务实的社会风气相契。夏秋季节，杧果花开葳蕤，果香满园。可谓是：岭南长夏里，杧果古树下，一片清风过，凉伴果香来。

在岭南四大传统园林之一的佛山梁园，杧果树被作为主要的孤植造景植物。秋爽轩前，孤植的杧果树边有奇石矗立，下覆地被，绿荫满庭，犹如园中巨伞。而在梁园水庭，透过巨大的杧果树冠幅，日光下澈，影布水上，饶有斑驳之美。

◎南沙区黄阁镇大塘小学杧果树

◎ 杧果

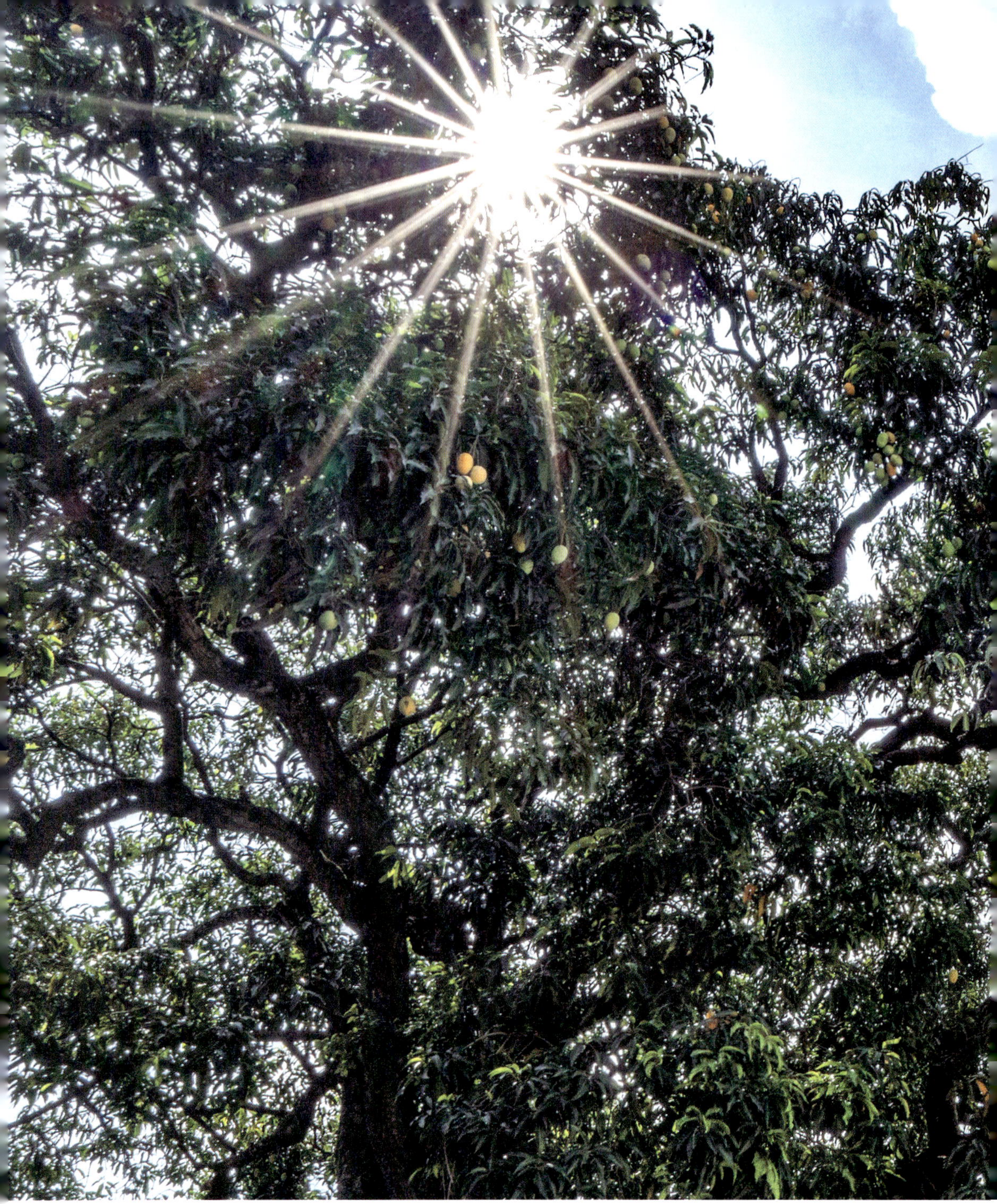

◎南沙区黄阁镇大塘小学杧果树

◎荔湾区多宝路杧果树

古杧沧桑　乡村伴侣

杧果是广州古树名木中的常客,见证了岭南名城和乡村发展的点点滴滴和光辉岁月。

在广州市大塘小学操场东北面,一株古杧果树郁郁葱葱,欣欣向荣。大塘小学原名为"东星社",先后两次改建为"李家大祠堂"。这棵古杧果树相传是由李氏家族的先辈们种植,至今已160多年,仍然健壮如初。

广州市黄埔区开发区东区笔岗社区宏岗村旁亦有一株非常高大的杧果古树。该村开村祖先潘川公于明建文二年(1400年)由望头市心街迁居宏岗,村庄历史至今已有600多年,村里的古杧果树树龄也超过342年。据老人们说,在他们爷爷小时候,这棵杧果树已经存在,虽略显沧桑,但依然枝繁叶茂。古杧果树与新乡村相得益彰,和谐共处。

多宝路留庆新横街的杧果树,树龄已有116年,是广州繁华闹市区极少见的杧果古树。据传一位马来西亚华侨在当地尝过杧果后,觉得其果肉细腻芬芳,果味香甜甘美。华侨是位孝子,为了让远在祖国的父母也能品尝到这美味佳果,遂将杧果带回种植在自家院子中。几年后,收获了很多杧果并送给街坊邻居分享,人人称赞华侨孝心可嘉,杧果树亦被誉为"孝心树"。

(本文作者:梁键明　唐光大)

◎荔湾区多宝路杧果树

八 乌榄

南国青果　古今惠民

乌榄（*Canarium pimela* Leenh.）是橄榄科橄榄属常绿乔木，别名黑榄、木威子，是我国热带与南亚热带果树和木本油料树种，喜温暖湿润的气候和深厚疏松的微酸性土壤，不耐低洼积水。花期4~5月，果期5~11月，果成熟时紫黑色，卵圆形，果核椭圆形，坚硬，内有种仁1~3粒。

乌榄果肉可食，用其制作的盐腌菜类"榄角"，是岭南有名的配菜佳品。榄仁亦可食，为广式五仁月饼原料之一，还可榨油，含油量高达45%。果核是雕刻工艺品的优良材料。枝和树干含有芳香树脂，既可作香料也可作黏胶。乌榄树形优美，可作园林绿化树种。

榄树悠久　增城独秀

增城地处南亚热带，气候温和，年平均气温21.6℃，光照充足，雨量充沛，属丘陵地带，气候和土壤非常适合乌榄生长。1936年的《增城县土壤调查报告》中称："北部各区，多产乌榄，均多植于山岗旱地，产量颇巨。"

增城种植乌榄始于晋代，元代开始大规模种植，至明代已颇具规模，清代增城乌榄成为大宗出口商品。嘉庆年间《增城县志》载："增城商业出品以谷米、乌榄、荔枝为大宗……农民不断开辟土地种植乌榄。"民国初年《增城之

◎增城乌榄树

乌榄业》中记述："粤地之种乌榄者，以增城县为最多，若番禺萝岗洞，若东莞县，次之，其他各处则甚罕。"清末民初，增城乌榄种植面积和产量均居广东各县之首，且品种繁多，品质优良。至20世纪30年代，增城以乌榄产量巨大而闻名全国。

增城乌榄产销两旺，人们视乌榄树为财富，形成乌榄传家遗风。清康熙年间屈大均著《广东新语》提及："山居家，其祖父欲遗子孙，必多植人面，乌榄。"历史上增城乌榄产业规模仅次于荔枝，成为第二大产业。乌榄为增城"老三宝"和"新十宝"之一。

◎乌榄叶、果实

乌榄种植业在增城占据翘楚地位，除气候、土壤适宜外，还因为增城榄农最早认识到乌榄雌雄异株的现象，进而潜心钻研嫁接技术。他们在实践中发现部分乌榄"花而不实"，开始注重优良品种选育和繁殖，嫁接技术的运用使优良乌榄品种得到广泛推广。嫁接苗种植3年即可开花结果，10年进入结果盛期，收效快，质量和产量兼优。增城榄农还摸索出山地种植乌榄的经验，沿山坡筑级（梯田）开展大规模种植，充分利用丘陵山地资源。清乾隆年间《增城县志》中记载"柯有雌雄，雄花雌实……高亢之地均可生长"，可谓是古代林木良种选育与高效栽培技术应用典范。

榄角飘香　　百味精粹

增城乌榄品种主要有左尾、金钟、黄庄、大鱼、油榄、牛牯榄等，尤以左尾品质最优，价格最贵，即著名的西山榄。因起源于增江街西山村，而且果实末端向一侧偏斜，而得名西山榄，也称左尾，具皮薄、肉厚、肉纹幼嫩、含油适中、芳香味浓等特点，特别适合做榄角。"榄角"又称"榄豉"，兴起于明代万历年间，做法是先将鲜采的成熟乌榄果用热水泡软，把果肉劈开两半，去除果核，再用盐腌制而成，因形状为三角形而得名榄角。榄角味咸而芳香，食之令人开胃，广受喜爱，是岭南地区百姓常食的佐餐配菜。俗话说："榄角下饭，锅底刮烂。"在食品种类丰富的今天，榄角仍是老广家中常备佐菜，"榄角蒸鱼""榄角蒸排骨"等菜式作为岭南风味名菜，香飘"舌尖上的中国"。

榄雕精湛　　岭南"非遗"

乌榄核壁厚，质地坚硬而细腻，呈椭圆形，色泽红褐色，是天然的雕刻工艺品用材。榄雕始创于增城新塘镇，盛行于明代，僧人以榄核雕船赠予香客以示"普度"，清代榄雕成为广府贡品。最负盛名的榄雕为清代咸丰年间增城新塘人湛谷生所作榄雕花船《苏东坡夜游赤壁》，船底雕刻苏东坡《前赤壁赋》全文，船上人物造型惟妙惟肖，被称为"雕刻之王"。今藏于增城博物馆，为镇馆之宝。

榄雕被列入国家非物质文化遗产代表性名录。随着国家对传统文化的重视，榄雕复兴之势蔚然，现代榄雕继承传统，开拓创新，作品畅销国内外。由于榄雕工艺品产销规模扩大，乌榄果需求量增大，售价升高，按品种和品质不同，高可达千元不等，甚至整株树或整片林被收购商高价预订。尤其是"牛牯榄"品相独特，品质珍贵，供不应求，被誉为乡村振兴的"黑玛瑙"。

榄节传承　产业兴盛

增城是何仙姑故里。相传何仙姑在得道成仙之前，教人们将乌榄肉制作成榄角，用榄仁做饼料、榨油，用榄核制作工艺品，用乌榄树叶和树根煮水浸洗治风湿疼痛。自此，人们大量种植乌榄，形成兴盛的乌榄产业。增城人民十分感激何仙姑功德，每年9～10月乌榄成熟期间，用乌榄果实、果仁等作为祭品拜祭何仙姑，久而久之，形成隆重的民间习俗——乌榄节。乌榄节成为当地何仙姑文化的重要组成部分，助力乡村振兴。

乌榄之乡　古树群芳

增城乌榄产业兴盛近800年，素有"乌榄之乡"美称，增城区内多处可见乌榄古树群，以邓山村和莲塘村的古树群面积较大，展现乌榄之乡独特的历史风貌。昔日先民赖以谋生，形成声名远播的乌榄传统产业，薪火相传，留下大片古树，现存很多古榄树仍能正常开花结果，既是世代相传的传家宝，也是岭南人民勤劳奋斗的象征。

◎邓山村乌榄古树群

邓山村古树群 —— "一村一品"示范村

邓山村乌榄古树群,是岭南地区连片面积最大、平均树龄最长、保存最完好的梯田种植乌榄古树群,面积约1000亩,包括古树群30多处,其中200年以上乌榄树有1825株,最古老的树龄有700多年,仍能年产乌榄果约50万斤。

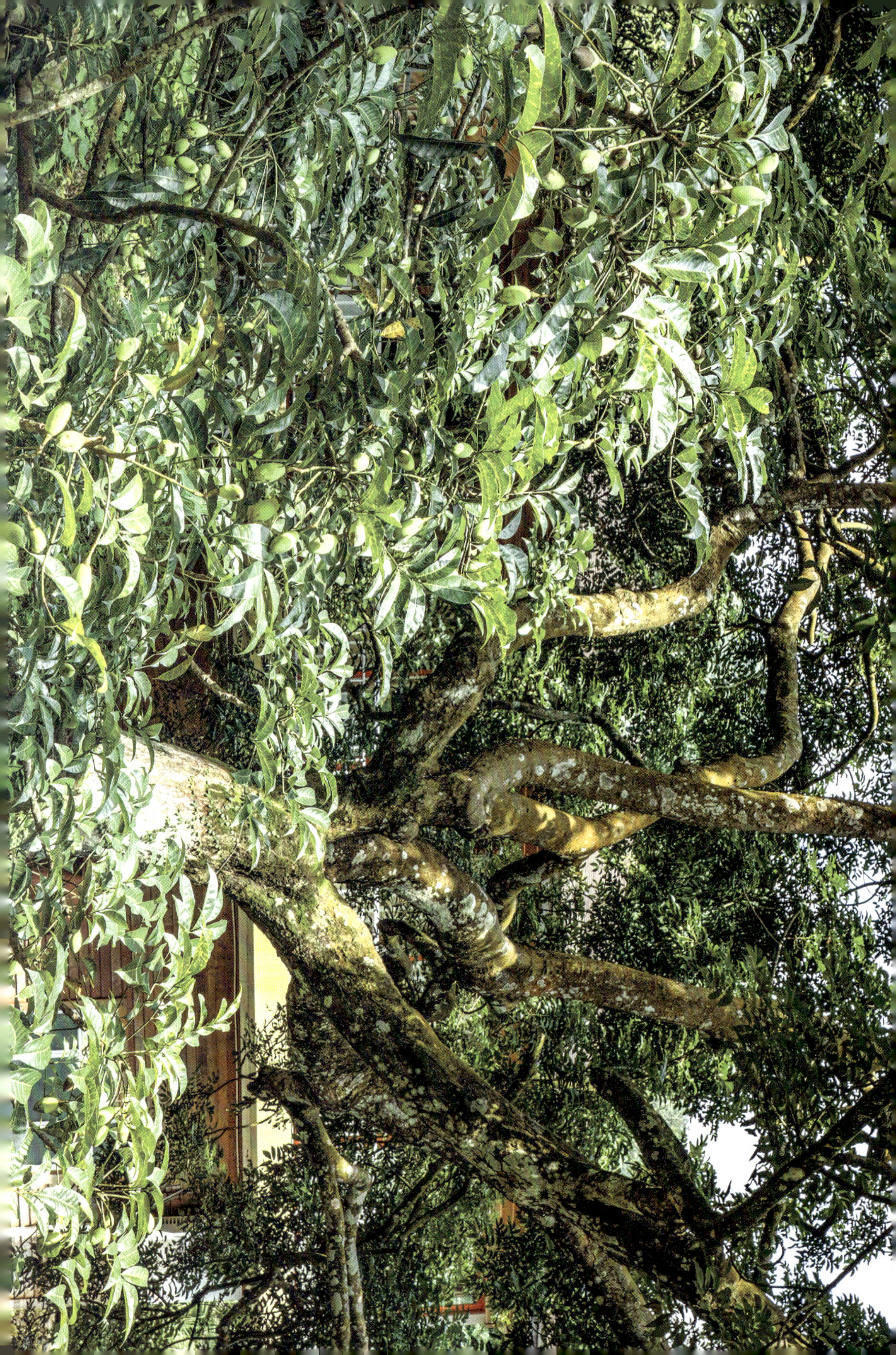

古榄园梯田遍布，溪水潺潺，山高林密，古树姿态万千，呈现绿野仙踪景观，是宝贵的经济、人文和生态资源。2019年6月，邓山村利用"千企帮千村"平台，启动名村建设工程，利用古榄林内溪水穿流、梯田错落有致的自然风景，建设修筑梯级、步道、栈道等，把古榄林变成古榄园，并连接周边旅游区，形成资源丰富多样的乡村旅游新亮点，成为新乡村示范带的精品文旅项目之一。每年9~10月乌榄成熟时节，村中举办乌榄节，设有打榄、制作榄美食、榄雕体验区、榄果售卖区等项目，吸引大量游客前来游览参观，热闹非凡。古榄园每年创收约400万元，2020年被评为广东省级"一村一品"示范村，为乌榄专业村。

◎邓山村乌榄古树

◎榄荔连理 共荣共生

莲塘村古树群 —— 榄荔连理　共荣共生

　　莲塘村古树群有乌榄古树534株，平均树龄123年，最老的超过350年。古榄群与145株古荔枝群连成一片，占地约2000亩，是广州市面积最大的古树群，气势磅礴、蔚为壮观。尤其是全长5公里的莲塘绿道建成后，将田园风光、古树群和增江河景串连起来，组成"莲塘春色"旅游区。古树林内树木苍劲，环境清幽，吸引大量游客前来寻幽探秘，古榄林成为该旅游区的主打特色名片。

◎莲塘村古树群

增城乌榄多以古树为主，在乡村振兴战略支持下，当地林业部门、科研单位与爱榄人士齐心协力，谋划收集更多乌榄种质资源，建立资源圃，保存乌榄资源，创制乌榄新品种，让乌榄更具光彩。古榄群落既见古人勇于开拓，又见今人创新振兴，是增城古风遗存、古树不古、赓续传承、惠民振兴的真实写照。

（本文作者：胡彩颜　赵志刚）

◎莲塘村古树群

九 人面子

相貌不凡有故事　岭南乡愁有寄托

　　人面子（*Dracontomelon duperreanum* Pierre），漆树科人面子属，常绿大乔木。人面子在南方，是极为常见的乡土树种，多分布于我国广东、广西、云南等省区，喜阳光充足、高温多湿的环境。其名颇有来历，早在宋朝《四会县志》就有"因其核类似人面，而目鼻口皆具而得名"的记载。这自带小表情的人面果，又名"冷饭团"。大概是觉得叫"人面"不雅，后人便将其写成仁面果或仁稔。云南人称其为银莲果，在侗族被称为长寿果。

在风景如画的华南国家植物园草坪，一棵挺拔的人面子树（编号：44010601700100003）展开的绿绒伞盖遥伸天穹。树高20.3米，胸围2.67米，平均冠幅19.5米。自1961年2月开国元帅朱德将其手植于此时，就开启了它不平凡的一生。落地、生根、萌芽、发枝、散叶，为着参天之意，追赶着阳光雨露，一旁的石碑似乎在诉说着它可以入诗的风骨。

护岭南嘉木　寄乡愁情思

据统计，广州市人面子古树总数达22棵，多分布于乡镇村落和公园。古树巨大的冠幅覆盖着大地，粗壮的树干和板根在土地上蜿蜒，蝉在高处鸣，人在低处语，树荫下有说不完的方言俚语，有聊不完的家长里短。这里是祖辈们生活过的地方。

由于原产地湿热多雨，土壤中很难存留腐殖质和矿物质，故人面子树常以树干基部为中心，侧根向外呈辐射状，延伸出多条宽窄不一似板墙的翼状结构，像是火箭的发射底座。这智慧真是奇妙而合理，板根不仅能支撑粗壮的树干，还能占据更宽广的表层土壤空间，获取更多养分。自然的神奇之处就在于生物与环境的和谐关系，让适者得以生存。

作为乡土树种，其落叶方式也是极具"别树一帜"的南方特色。初春才至，有些老叶就迫不及待要摆脱树枝的束缚，大规模换叶期，则来得更晚些。你能在4~5月见到人面子一夜黄叶落尽的景象，树荫下的土壤仿佛被轻柔地披上一块巨大的金丝绒毯。旧叶飘落，喜人的嫩绿不断冒出，新的轮回周而复始。5~6月份，只见比米粒还小的白色花朵细碎地布满枝头，似满天繁星。花虽小，但花瓣打开时带卷如弯钩，趣致可爱。花有微香，低调清新。随着时间推移，花儿凋零的枝头，果实由青绿逐渐转为橙黄。

◎人面子树

内外兼修　　大显神通

人面果是南方独有的小众水果。《广东新语》中记载："人面子如梅李，其核类人面，肉甘酸，宜为蜜饯。"果肉质鲜嫩多汁，未熟的青果极酸，有着野生水果的粗犷，成熟的黄绿色果子味甜，营养价值也高。广东人喜欢将人面子果肉加糖熬煮，再放入辣椒、仔姜、酸梅做成酱料，酸酸甜甜的口感能中和油腻，与排骨、鱼头等荤菜搭配食用，十分清爽可口。在华南植物园里有一种与人面子同科同属的大果人面子，核果近球形，因质地硬实，造型独特，有些爱好者专门将其做成手串，是近年文玩市场的新宠。

《岭南采药录》里记载："人面子性平，味甘酸，醒酒，解毒，治偏身风毒痛痒，去喉痛等症。"其叶果核根皮均可药用，所含黄酮类化合物和漆酚等化学物质，具有抗菌、抗氧化、抗肿瘤、抗病毒等生物活性。其种子仁营养丰富、隽香爽口，是广式"五仁月饼"的上佳配料，亦可榨油、制作香皂或润滑油。人面子木纹理致密而材色灰褐有光泽，心材花纹似核桃木，易加工，耐腐力强，在家具市场人气很旺。人面子历经千年进化才与我们相遇，在利用与保护之间找到平衡是我们永恒的追求。

在抗风、抗大气污染方面，它也是能手。特别是对二氧化硫的净化能力和固碳能力较强，再加上萌芽力强、寿命长、病虫害少，是庭园绿化的不二选择，也是华南地区城市绿化和林分改造的重要树种。在华南国家植物园内，有一条由人面子树组成的近200米的绿色长廊，即便外面阳光炽盛，酷暑难耐，漫步其中也能感受丝丝凉意，让人顿生欢喜。

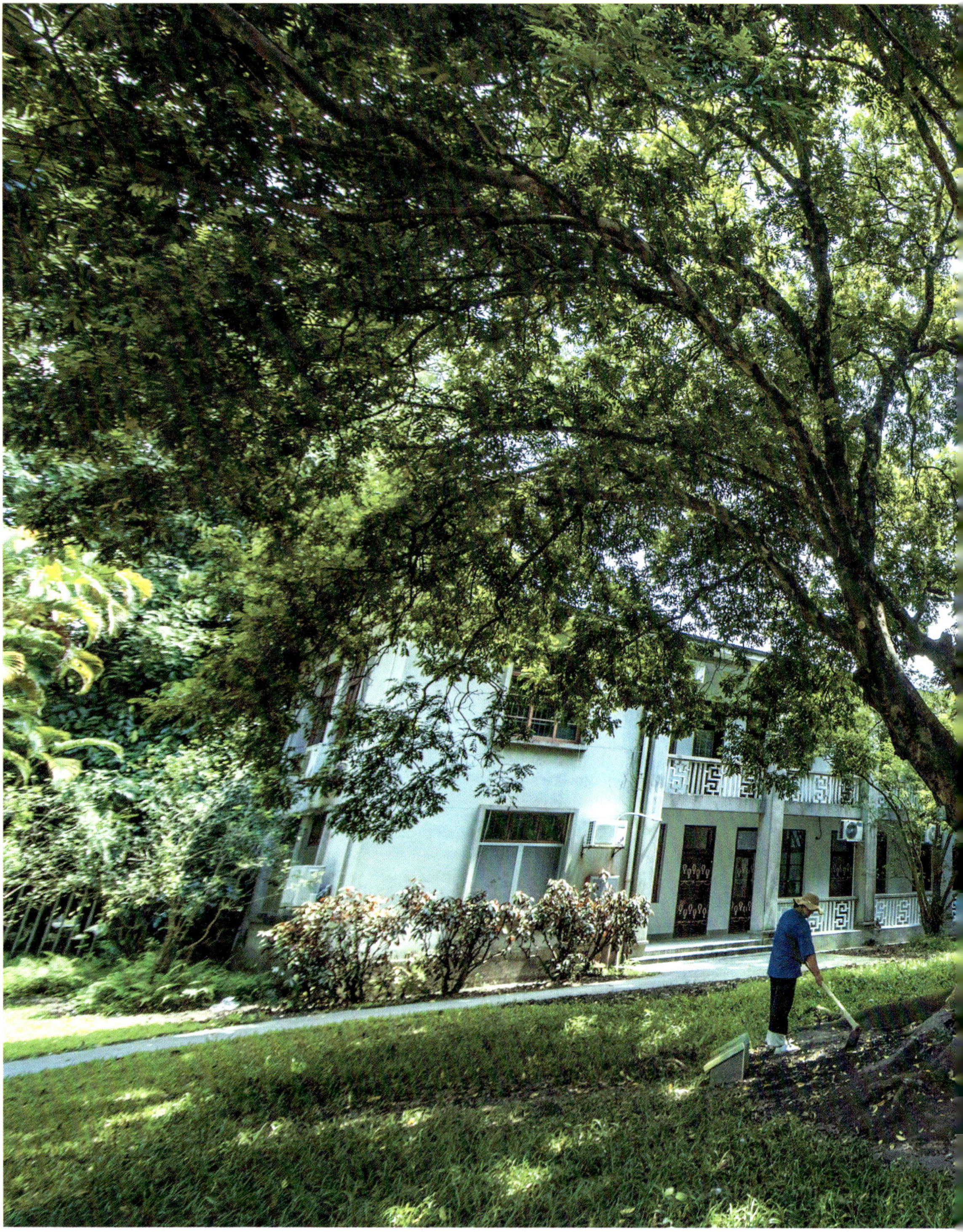

◎华南国家植物园人面子树

承前辈之恩　立吾辈之志

在罗浮山华首古寺里，有一棵历经千年风雨，仍然"风华正茂"的古人面子树，对这里的人们而言，它就是"守寺使者"。相传该树富有灵性，受损的树洞会自然愈闭，几经风吹、雨打、雷击依然挺立，有当地人和游客上香拜祭，如今已成为华首寺独特一景。名园易建，古木难求，朱德元帅当年在华南植物园种下人面子树时，是否也有"佳木护名园"之意呢？

历经一甲子的风吹雨打，人面子树与日月星辰为伴，如今依然树冠茂盛，四面发叶，高大端正，年年开花结果。年轮滚动，吟诵着难忘的激情岁月，承载了城市的岁月流转。朱德元帅当年一再嘱托要把华南植物园建设成为世界一流的植物园，正是有了老一辈无产阶级革命家对环境绿化和植物资源的高度重视，历代科学家们行而不辍，园中匠心，以绿载梦，在植物分类学、恢复生态学、植物资源保护利用等领域，打造出具有国际水平的重要高地。而今终得偿所愿，2022年7月11日，华南国家植物园正式挂牌。

时光透过婆娑的树叶散了一地，斑驳的树影如一道任意门，仿佛可跨越时空感受先辈们对信仰的坚持、对使命的担当。这两年出现了许多与人面子树交朋友的少先队小林长，他们通过"学、访、讲、唱、画"的形式开展生态研学活动。树虽不能语，却无声地告诉孩子们前辈们身先垂范植树播绿的故事，诠释了"前人栽树，后人乘凉"的含义。这种特殊方式，激励孩子们踏出守护"绿水青山"的第一步，成为城市绿色能量守护者，未来能学有所长，学以致用，用科技为古树名木保护赋能，为公众留下绿色记忆。

（本文作者：阮桑）

◎华南国家植物园人面子树

十 白兰

刚柔并济香满城

> 白兰（*Michelia alba* DC.）是木兰科含笑属的一种常绿芳香乔木。因其花白色，香若幽兰，故名白兰，此外还有白兰花、缅桂、黄桷兰、白缅桂、把兰等别名。白兰性喜温暖湿润气候，以及通风、光照良好的环境。原产于东南亚至南亚，世界热带地区国家广为栽培，我国引种栽培约有上百年历史。广东、广西、云南、福建的气候适宜白兰生长。

广州市树荫覆盖面积最大的2株白兰古树，位于中山纪念堂主体建筑东西两侧。它们树形优美，枝繁叶茂，婷婷碧绿，树荫覆盖面积超过数百平方米。

挺拔刚毅　玲珑雅致

白兰株形高大、挺拔，高可达25米，常作为风景树、行道树应用于园林景观，是我国南方广泛应用的优良骨干树种。白兰花朵很精致，它生在叶腋间，未开时呈纺锤状，一枚枚花苞如牙雕般精致，温润而静谧。盛开的白兰花瓣肥厚，仿佛是一朵朵极小的莲花。小巧的白兰花与狭长的叶片形成鲜明对比，收

◎白兰花开

敛且低眉,当你凑近了,马上会被花儿清而醇的甜香所吸引。白兰开花时节,站在树下仰望天空,一朵朵素雅的白色小花藏在绿叶之中,时而若隐若现,时而轻展花姿,显得十分娇美、纯粹。微风吹过,花香沁人心脾。正如唐代武平赋诗曰:"轻罗小扇白兰花,纤腰玉带舞天纱。疑是仙女下凡来,回眸一笑胜星华。"又有南宋文学家杨万里诗云:"熏风晓破碧莲苕,花意犹低白玉颜。一粲不曾容易发,清香何自遍人间。"

香飘满城　增色人间

　　白兰花瓣中含有挥发性芳香油,成就了其浓郁芳香,沁入南粤百姓的生活,无处不在。广府民间俗话有"白兰屋前种,美花香气送",那淡雅香味中似蕴含着一种难以言喻的气质,清新可人。珠江三角洲附近各市县常大片种植白兰,采集鲜花提制香精或熏茶,也可浸膏和作为药用。此外,白兰鲜叶也可提制香油,被称为"白兰叶油",可供调配香精。

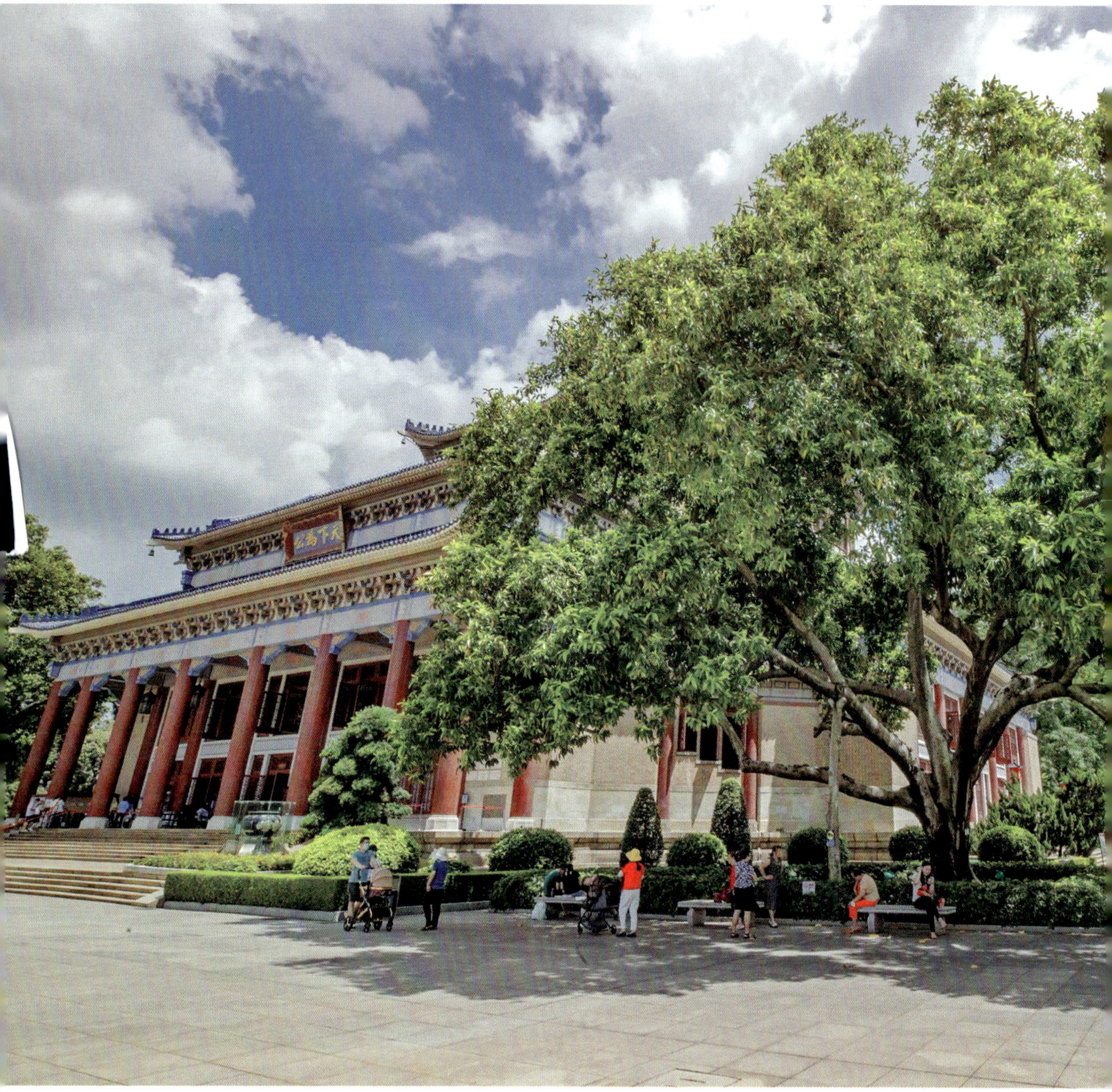
天下為公

◎越秀区中山纪念堂大堂东侧西侧白兰树

融合并进　交相辉映

白兰原产印度尼西亚，我国华南地区引种栽培历史达百年以上。白兰引入广州后，一直生长良好，其对本地环境的适应，正是广府地区所具有的移民文化、兼容文化、开放文化特点的集中体现。自古到今，广府地区和中原文化、西方文化交流频繁，广府人容易接受新鲜事物及文化，并加以融合，逐渐形成具有浓烈地方色彩的文化。广府文化继承中华优秀传统文化的精华和特点，吸收各种地域文化中进步文明元素，融会贯通于自己的文化特点与文化精神中，具有独特的地方风格和特色。

◎越秀区中山纪念堂大堂东侧西侧白兰树

见证历史　传承文化

据了解，在中山纪念堂建堂之初，只有西侧白兰树植于此，东侧白兰树是为了配合中山纪念堂对称式的总体布局风格而后植的。随着岁月的沉淀，2株不同年份种植的白兰，竟长成了大小一致、形态相似的对植树，犹如两个高大忠勇的卫士守护着纪念堂，与纪念堂融为一体，庄严而美丽。它们与中山纪念堂共同见证了广州乃至中国近现代许多重要的历史时刻，承载着广州历史上一段段坎坷和荣光。

它们就像两位儒雅的智者，不缓不慢、不急不躁，在朴实无华间，带给人们以美的享受。这正是孙中山先生流芳百世的精神力量，也是广府文化的历史传承，将广州历史悠久的文化底蕴和内涵渗透到人们生活中，让人们感受这座城市的温度和情怀，在传承中奋进，为建设更美的现代都市努力拼搏。

（本文作者：唐立鸿）

十一 白花鱼藤

千年古藤　仙子遗风

> 白花鱼藤（*Derris alborubra* Hemsley）为蝶形花科（Papilionaceae）鱼藤属（*Derris* Lour.）的常绿木质藤本，因花为白色，根部含有的鱼藤酮有毒鱼、杀虫之功效，故名"白花鱼藤"。其叶深绿，革质，托叶三角形。花期4~6月，花萼钟形，红色，花瓣白色。花开时清香弥漫，白花如雪，令人心旷神怡。

玉龙伏地　灵藤通仙

广州市增城区小楼镇何仙姑庙旁有1株常绿木质大藤本"白花鱼藤"（编号：44018310600100955），这株古藤树龄超过1312年，为一级古树。藤茎围1.68米，最粗部分2.3米，长150米，覆盖面积900平方米。藤身苍老，巨藤如蛟龙出海，上下翻腾，形成一个"8"字形圈门，昂首挺胸，攀援于5株树上。为目前东南亚白花鱼藤之冠。

古藤之下常年荫蔽，抬头便是一片葱郁，在炎炎夏日步入树下顿感清凉。走入仙藤园中，只见古藤与其他大树形成天然廊架，自然成型，并与周围林木挺拔姿态形成鲜明对比。它攀附着一棵老榕拔地而起，两者相互依偎，犹如巨龙戏凤。藤干之间相互交错，屈曲蜿蜒，分不清究竟是藤缠树还是树缠藤。人

◎白花鱼藤

们多年寻藤根源头未果，更是为古藤增添了一丝神秘色彩，引人驻足细赏。近观之，藤蔓上缀满了串串雪白花穗，仿佛枝头上成群休憩着的蝴蝶微微地扑闪翅膀，又好似鱼儿悬于藤蔓之上，别具韵味。远望之，主茎如白色巨龙盘踞于此，不见首尾，气势磅礴。

关于古藤成因，民间流传是何仙姑飞天时的丝带幻化而成，吕洞宾的拐杖则化为支撑古藤的大树，两者形成现在的"巨龙"姿态。说起这个故事，就不得不提到何仙姑家庙。家庙始建于唐朝，历经沧桑战乱，明代时作大规模修缮，现存庙堂经清朝咸丰八年（1858年）重修。砖石抬梁式结构，硬山顶屋脊和封火山墙，庙内外装饰以木雕、灰雕、砖雕为主，飞檐拍板遍布花鸟、戏曲人物，工艺精湛优美。家庙内有仙姑殿、庙顶仙桃、仙姑井、三忠、八仙堂等景点。当地人说，古藤是何仙姑对家乡的福荫。民间的传说，让何仙姑热爱家乡的形象更为丰满。

千年风骨　　蔚为壮观

　　1300多年前这棵古藤便在增城生长，是一部浓缩的小楼镇历史书，见证了古镇千年文化，代表着地域形象，具有珍贵历史价值。千年来，白花鱼藤经受了大自然的种种考验，枝干缠满岁月的皱纹，却始终由形、势、气、神、色向外散发着独特气质。白花鱼藤是大自然留下来的珍贵遗产，是自然价值与人文价值的统一。古藤在长时间与周围环境不断地进行物质交换的过程中，产生了良好的抗逆性，记录着山川气候的巨变和生物演替的信息。它古老的基因中隐含着对未来生存的启迪，是探究自然变迁的活化石。有研究表明木质藤本在维护生物多样性、生态平衡中有着不可替代的作用。

珍贵名木　价值多样

白花鱼藤与土壤细菌有共生关系，这些细菌在根部形成结核，并固定大气中的氮，其中一些氮被白花鱼藤本身或附近生长的其他植物所利用。其根部含有鱼藤酮，对防治果树、蔬菜、茶叶、花卉及粮食作物上的数百种害虫具有良好效果。白花鱼藤具有药用价值，主治疥癣，外用煮水洗患处，其茎和根皆可药用，可用于治疗关节炎。

增城仙藤园占地面积约15000平方米，以仙藤为中心，以何仙姑文化为主题，结合中国传统园林建筑手法，凸显生态与文化并存的艺术效果。白花鱼藤是仙藤园中的主角。如今的古藤，春探叶，夏嗅花，秋赏枝，冬观形，一年四季皆有景，是小楼镇最亮丽的风景线，其独特的形态特征和文化特点是珍贵的旅游资源，具有很高的观赏价值。加大对古藤的宣传力度有利于让更多的人感受其千年历史的沉淀和独有的魅力，共同传承古藤文化。据悉，当地政府正在为这棵白花鱼藤申报吉尼斯世界纪录，相信将会进一步扩大古藤的影响力与知名度。

（本文作者：陈红锋　阮桑）

◎增城小楼镇仙藤园的古藤

十二 格木

铁骨铮铮 跨越千年

格木（*Erythrophleum fordii* Oliv.），俗称"铁木"，属豆科格木属常绿阔叶树种，是国家二级保护植物。本属仅此一种在我国天然分布，包括广东、广西、福建和台湾等省区，一般分布于山体中下部和沟谷地带，在华南多见于村边水畔的风水林中，人树依水和谐共生。格木属高大乔木，高可达30米，胸径达1.4米。新叶艳红，老叶亮绿。花期5～6月，果期8～11月，成熟期荚果棕褐色、种子黑色。古树枝干虬曲苍劲，古树群落浓荫苍翠，蔚为壮观。格木药用价值高，且自然条件下即可产生灵芝，在黄埔区佛朗村和从化区大夫田村的格木古树群落调查中均有发现。

《广州风水林》记载广州市有格木群落13个。广东省古树名木管理信息系统中，广州市有格木古树群落6个、二级古树3株、三级230株，总体约占全省格木古树的1/3，主要分布在广州北部和东北部，以小群体多点分布。

◎龙山古树公园格木

立木千年　建造良材

据考证，现存最古老的格木位于广西容县，树龄约1750年，堪称树中寿星。格木是岭南地区应用历史较长的乡土珍贵树种，以心材利用为主，红褐色或栗褐色，木材坚硬，耐腐、耐虫蛀，是古代岭南地区造船、建筑、做家具的主要用材。格木在宋朝称为"石盐木"，苏轼在广东期间曾留下诗句："千古谁在者，铁柱罗浮西。独有石盐木，白蚁不敢跻。"明清时期称为"铁力木""铁梨木""铁栗木"等，以"铁力木"叫法最为广泛。《天工开物》中

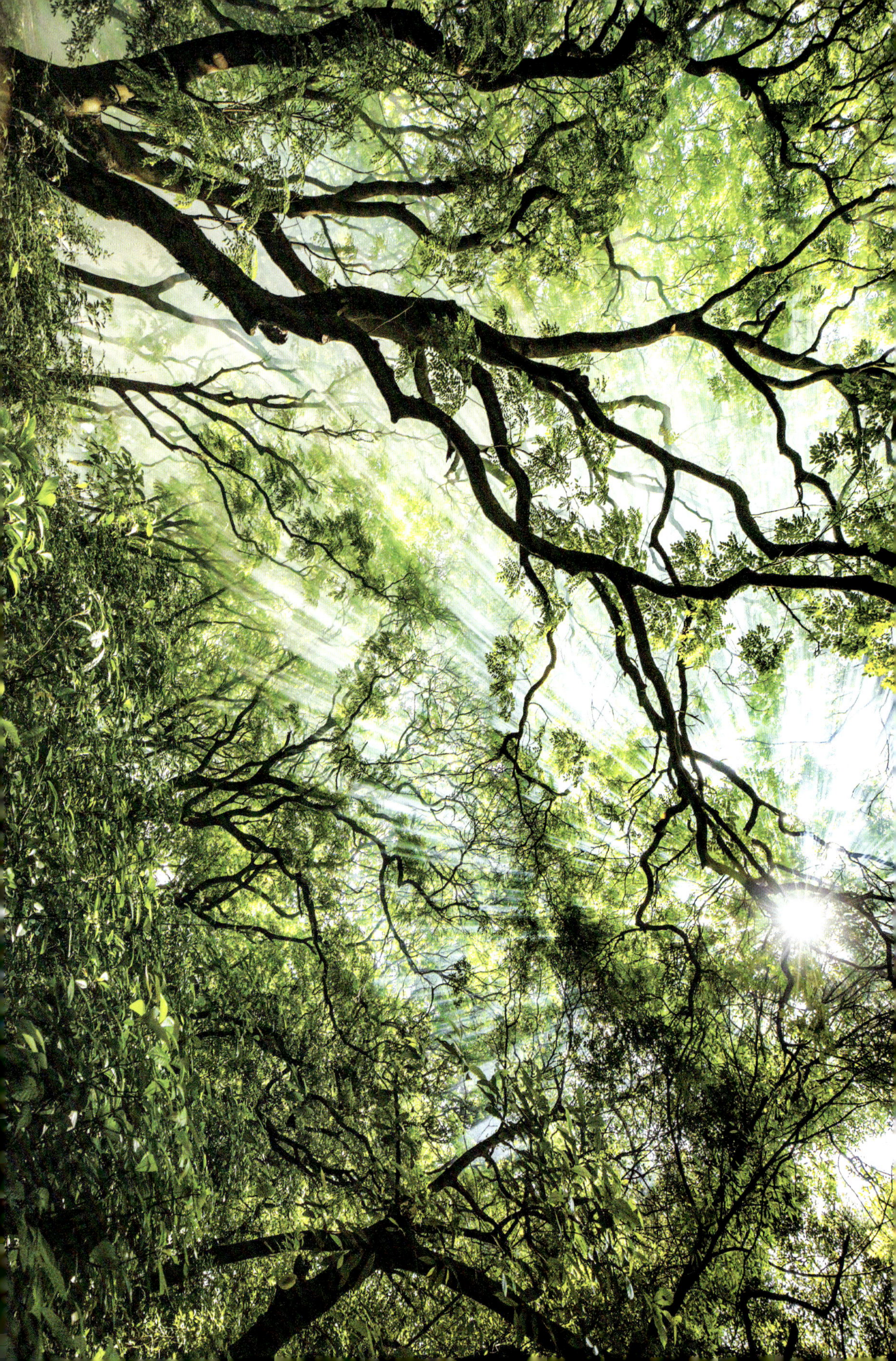

称海舟"唯舵杆必用铁力木（格木）"。清初，曾由于做舵杆的格木未能及时运到，船队难以出海，导致出使琉球使团搁置使命数年。

20世纪广州市考古挖掘出的秦代造船厂遗址中就发现格木的使用。建于明万历元年（1573年）的广西容县真武阁，为全格木建筑，至今雄伟屹立，被建筑历史学家梁思成先生誉为"天南杰构""古建明珠"。格木是明清家具用材七大硬木之一，尤其以广式家具应用较多，仅其与黄花梨（降香黄檀）、部分鸡翅木（铁刀木）为我国乡土树种，其他木材均为进口。

过度利用　珍稀濒危

格木群落是自然状态下少有的豆科植物占优势的群落，清中期以前在岭南地区分布较广，因材质优良，用途广泛，长期遭受过度采伐。近代以来，格木天然林资源几近枯竭，被列为国家二级重点保护植物、世界自然保护联盟（IUCN）濒危物种红色名录，仅在一些深山和风水林中有小种群残留。与其他因生境要求高、遗传隔离、繁殖障碍等影响而处于濒危状态的植物不同，格木濒临灭绝皆是人为因素所致。古代主要是过度采伐利用，而近现代则是土地利用方式改变，正所谓"兴也其材，危也其材"。

格木在家具界常称之为"铁力木"，易与今铁力木（*Mesua ferrea* L.）藤黄科铁力木属名称混淆。由于名称和木材取样失误等原因未被列入我国《红木》国标，是"中国古典家具研究的最重大错误之一"。认知偏差不仅影响格木的历史地位，也间接影响到其天然资源保护。

类型多样　　分类保护

广州市历来重视古树名木保护，围绕科学管护珍贵古树资源、弘扬岭南文化、提升城市综合品质，采取多种举措，创新保护形式。但因分布生境、群落结构等不同，广州市格木古树和古树群落现状、保护难度等差异较大。如黄埔区九龙镇佛朗村的古树群落中格木数量虽然较少，仅有13株古树，但周边人为干扰较少，环境较好，古树生长相对健康，林相整齐，体现明显天然群落特征，即种子库丰富，但天然更新极差，仅在林缘发现5株幼苗。花都区花东镇格木群落在2007年和2011年调查时，也体现出典型天然林特征，林下植被较少，但2016年林内建设绿道后，产生了令人惊奇的变化，其林下格木和其他树种的天然更新明显增加。无独有偶，增城区龙山古树公园建设后，植被更新也明显增加。

古树公园建设过程中的低强度干扰"恰到好处"地"插柳成荫"，尤其是道路两侧区域，表明适度干扰有利于格木群落的天然更新，可能与群落内的通透性、光照条件以及土壤性质等改变有关。但这究竟是偶然结果，还是有其必然性，则需作进一步科学分析。

　　相对而言，处于建筑物或道路等人工建设特征明显的环境中，格木古树生长较差，如从化区大夫田村的格木古树，村内靠近道路和建筑的古树长势明显下降，而村外林分（林木的内部结构特征）中古树生长良好，表明古树保护不仅仅是树木本身的保护和修复，还要注重群落环境保护。如何处理好人与古树、古树与环境、保护与传承等关系，将是对今后古树保护工作的重大考验。

◎龙山古树公园

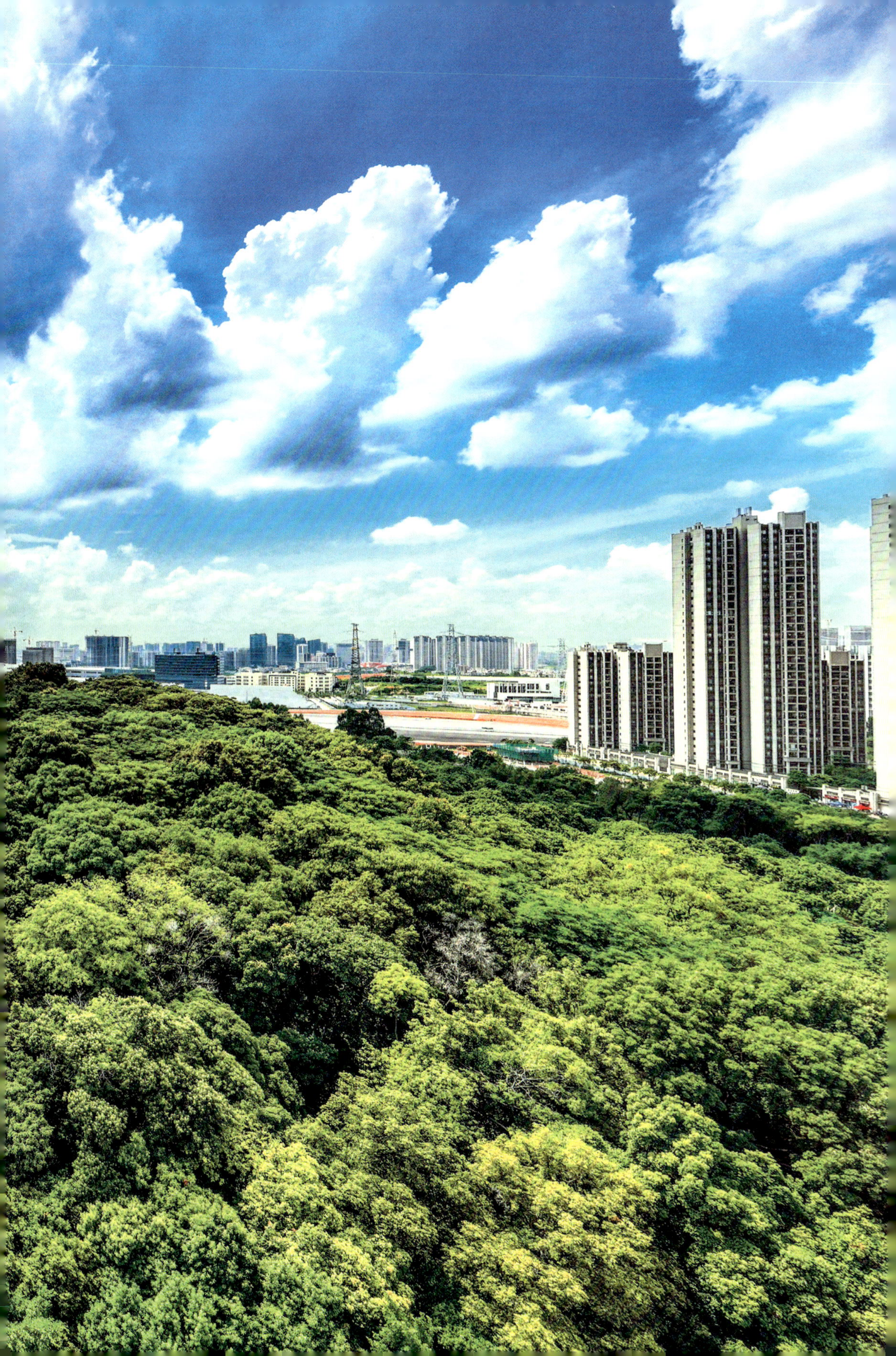

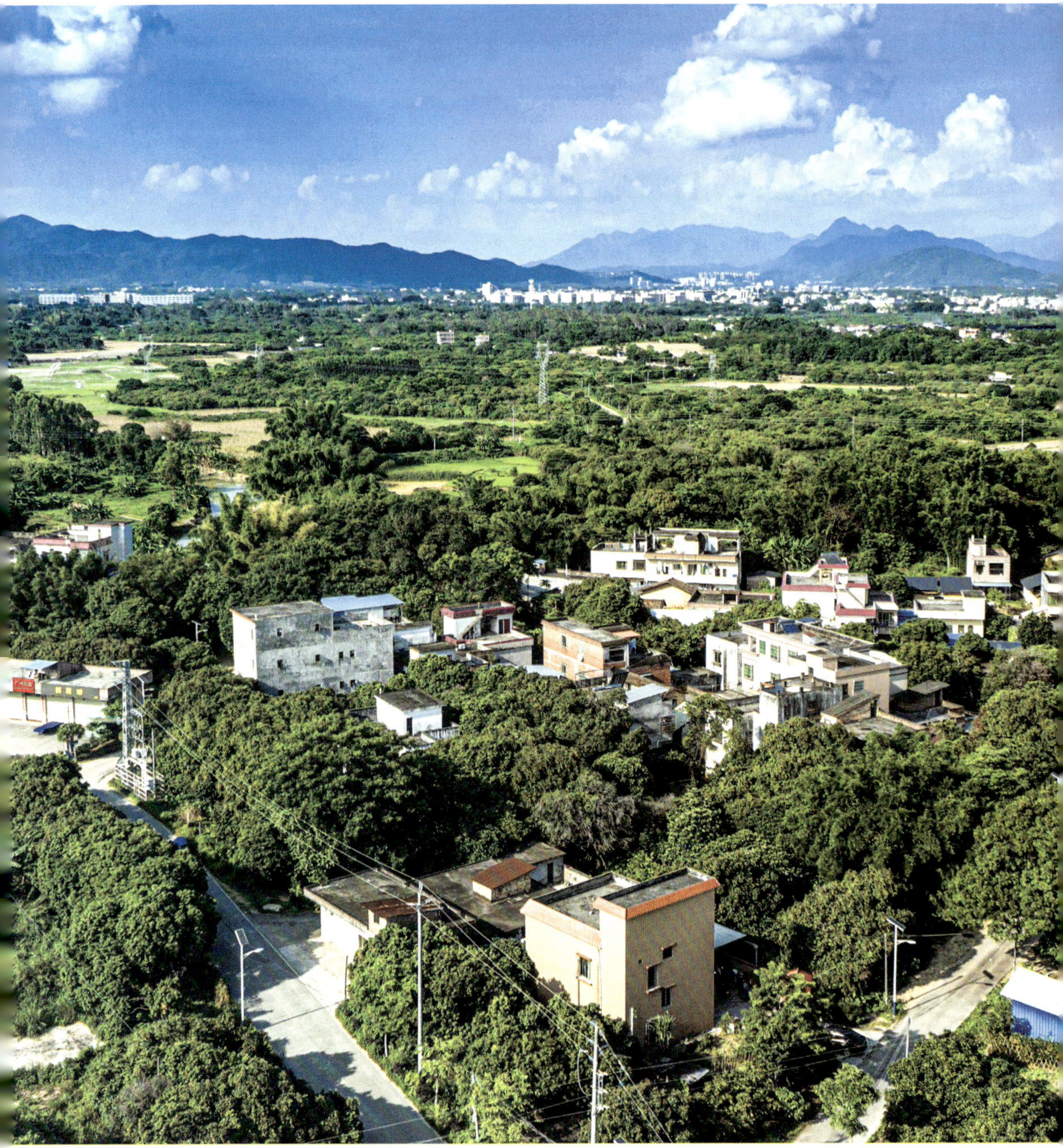

历史变迁　古树为证

古树名木见证了自然和历史的变迁，承载着乡愁情思，具有重要的历史、文化、生态与科研价值。

从化区大夫田格木古树群
—— 相伴古村　和谐共生

从化区大夫田村是广州市传统村落，始建于明朝中期正统年间，现村重建于清道光年间。村内有42株格木古树，年龄在170~324年，胸径范围50~140厘米，最大胸径古树（编号：44018400320100067）与广西现存最古老的格木相当，但树龄相差数倍。大夫田村素有保护原有古树的传统，村在林中、树伴屋旁，完美体现人与自然和谐共生。结合古代村落规划理念和建设历史等初步推测，部分古树在建村前可能已然存在，尤其是最大古树的年龄尚待进一步考证完善。

◎从化区大夫田格木古树群

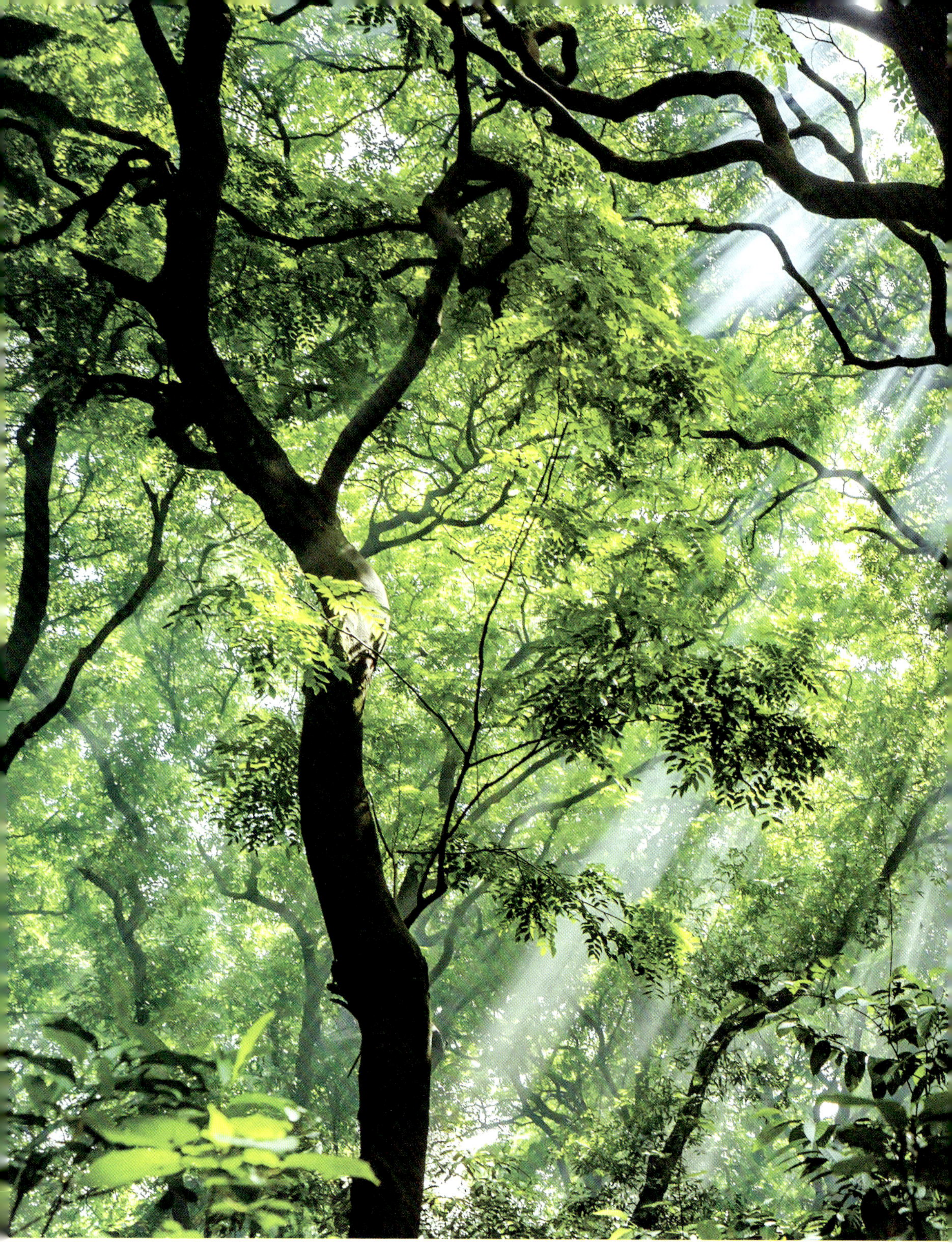

◎龙山古树公园

花都区水口营格木群 —— 最古老人工林古树群

花都区花东镇水口营村以兵勇驻地为村名，据考证，当地格木林为明代驻屯官兵为做箭杆所植，已有600多年历史，现有格木大树300多株，其中3株被列为古树，记载了明代军屯制度、卫所制度、民族迁徙等历史变迁，是迄今发现最早的格木人工林。2016年已建设为格木公园，成为当地旅游品质提升的亮点。

增城区格木古树群 —— 绿洲净土与时代共舞

增城区永宁街道陂头村有一个群体较大的格木古树群，自明代初期当地先民迁来此地时已经存在，现存300多株格木大树。自迁居此地，村民对格木保护极为重视，树木从未遭到破坏。据当地90岁高龄老人介绍，仅在抗战时期，日军搭建营地时砍伐过3株格木大树。为加强古树资源保护宣传，2020年当地自筹经费将其建设成以格木为主题的"龙山古树公园"，林下时常歌声回荡、舞影翩翩，堪称闹市净土、城中绿洲，成为周边市民休闲首选，引起社会广泛关注，公园也成为古树群落保护的典型。永宁格木古树群在2022年"广东十大最美古树群"网络投票活动中位列第5名。

古树和古树群落记载了时代变迁，开展这些珍贵资源的可持续利用和系统保护，让其焕发新生，留续传承，迫在眉睫。

（本文作者：赵志刚）

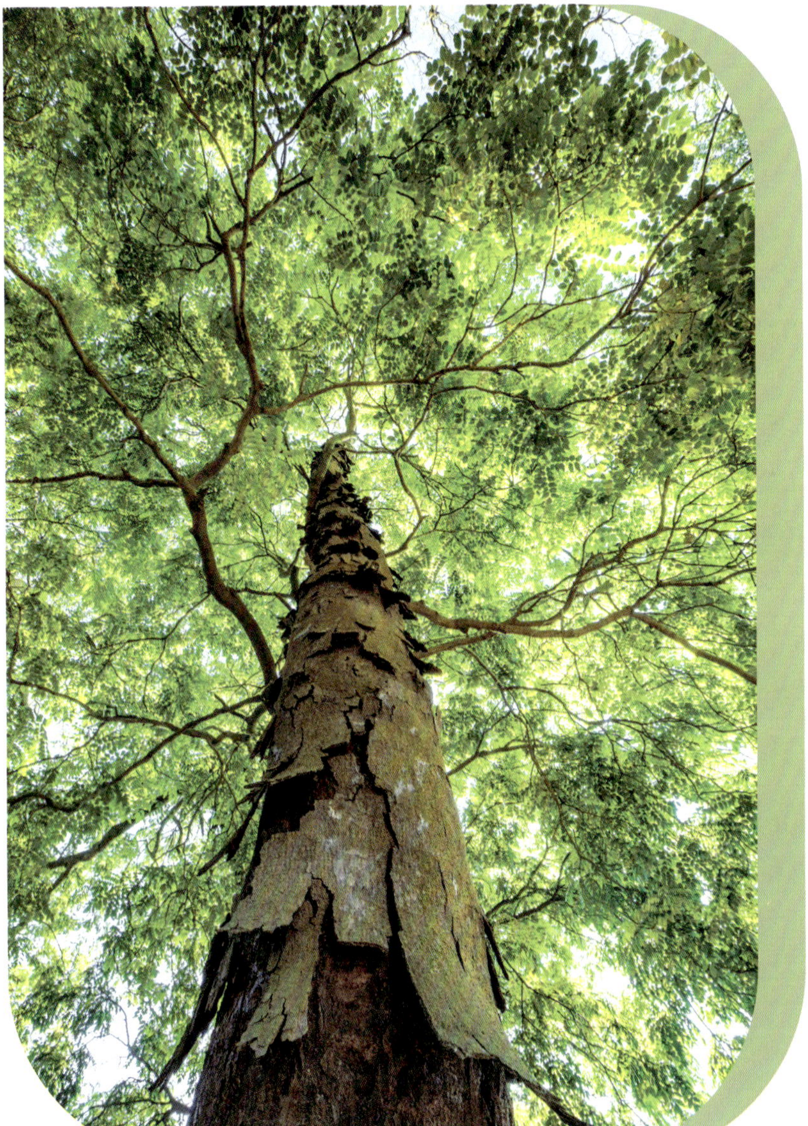

十三 苹婆

凤眼顾盼　熠熠生辉

苹婆（*Sterculia monosperma* Ventenat）为梧桐科苹婆属常绿乔木，是广东的乡土树种，广州人喜取其叶以裹粽，古称"罗望子""罗晃子"。苹婆果色泽鲜红，开裂如凤凰张目，常被称为"凤眼果"。主要分布于中国、印度、越南等地。树皮褐黑色，圆锥花序顶生或腋生，花期4～5月，但在10～11月常可见少数植株开第二次花。果期8～9月，蓇葖果鲜红色，厚革质，矩圆状卵形，长约5厘米，宽约2～3厘米，顶端有喙，每颗果内有种子1～4个，黑褐色，直径约1.5厘米，种子可食。

寓意凤凰　顾盼生辉

吴其濬在《植物名实图考》中提及苹婆"如皂荚子，皮黑肉白，味如栗，俗呼凤眼果"。苹婆树常常象征凤凰，据传可以镇宅聚气，人们常在家门口左边种龙眼，右边种苹婆，寓意龙凤呈祥。相传三藏法师在天竺取经时，喜在苹婆树下阅读佛经。作为佛经中的代表植物，苹婆已有近千年栽培历史，自古以来被赋予许多寓意。苹婆古名为"频婆"，佛经有言"世尊唇色光润丹晖，如频婆果"，其中"频婆"一词指的就是苹婆，突出其颜色艳丽。苹婆意译为

"相思树",因其在农历七月成熟,岭南一带少女用其供奉七仙女乞求姻缘,又被称为"七姐果"。

作为悠久历史的记录者,苹婆的称呼还有很多。《中药大辞典》称罗晃子,《生草药性备案》称潘安果,因"苹婆"音近"贫婆",民间觉得形意不符,因此又称其为富贵子。苹婆不仅寓意吉祥,本身也极具观赏价值。苹婆树干直立高耸,冠形优美,春季花团锦簇,花萼初时乳白色,后转为淡红色,呈钟状,形似小灯笼。夏秋季节,果实未开裂时,似红色五星菱角,开裂时似凤眼流盼,在骄阳下熠熠生辉,构成一幅叶绿、果红、子黑的画卷,对比强烈而艳丽。在广州街头、庭院随处可见苹婆的身影,引人驻足观赏。

岭南佳肴　　健康粮药

自古以来,苹婆种仁就是人们喜爱的美食。《西游记》第一百回书三藏一行人取经归来,唐太宗宴请师徒时道"数种奇稀果夺魁,橄榄林檎,苹婆沙果",苹婆作为国宴菜肴,其美味可见一斑,《舌尖上的中国》曾介绍传承千年的岭南佳肴"苹婆果焖鸡"。此菜肴是用栗子般甜糯甘香的苹婆果,搭配鲜嫩爽滑的鸡肉焖制,果香和肉香交织,让人垂涎三尺。人们还用苹婆的大叶子包裹粽子和糍粑等吃食,食物中融合了叶子的清香,别有一番好滋味。

苹婆种仁可与"铁杆庄稼"栗、柿、枣媲美,富含淀粉和多种营养物质,色如蛋黄,口感比板栗更为细腻,相比国外引进的腰果、开心果等坚果毫不逊色。随着社会发展,人们对健康饮食有了更高追求,营养丰富的木本粮食树种将有更大发展空间。目前已有加工苹婆果脯的研究报道,若能推广种植,可扩大苹婆食品种类,延长苹婆保存时间,对苹婆产业的发展具有积极意义。但相较于其他木本粮食树种,苹婆结实率不高。如能系统开展良种繁育,提高结实率,亦可成为新的集乡村振兴、绿化美化于一身的拳头产品。

苹婆味美且具药用价值，堪称粮药合一。《食物本草》与《本草纲目》一起被称为中华中医学文化宝库中的两颗璀璨的明珠，其中对苹婆有如下记载："养肝胆，明目去翳，止咳退热，解利风邪，消烦降火。"苹婆中含有磷、锌等多种微量元素和磷脂，可以被大脑和中枢神经吸收利用，提高记忆力；其中的维生素A可以减少夜盲症发生；种仁中的大量不饱和脂肪酸可以促进人体代谢；种子多酚提取物有较强还原力，可作为抗氧化物的原材料，所含活性成分和酚类物质可促进身体发育，延缓衰老；其果壳可治疗中耳炎。苹婆果虽好，但不适于脾胃虚弱的人群食用。

英雄无悔　民族无畏

中华民族是一个英雄辈出的民族。甲午海战，民族英雄邓世昌无惧强敌，英勇战斗，最后壮烈殉国，留下"此日漫挥天下泪，有公足壮海军威"的悲愤怒吼。邓世昌是广州番禺县龙导尾乡龙珠里（今海珠区龙涎里）人，儿时即立志报国，自入福州船政学堂，从军出洋，仅3次回广州家乡探亲。常言"人谁不死,但愿死得其所耳",故有战事不利时高呼:"吾辈从军卫国,早置生死于度外,如今之事,有死而已!""我立志杀敌报国,今死于海,义也,何求生为!"

在广州邓世昌纪念馆中,由邓世昌幼时手植的苹婆树(编号:44010500911500024)苍劲有力,就像坚毅立于"致远"舰上保家卫国的英雄。

百年来,这株苹婆曾历经多次狂风骤雨,却如凤凰涅槃,愈加茁壮。盆景大师周炳鉴用其断枝培育了多株盆景子树,放置于纪念馆内,寓意英雄辈出。2002年,时任甲午战争博物馆馆长戚俊杰将盆景子树移栽于当年北洋水师基地。邓世昌手植之树跨越了大半个中国海疆,在英雄故里和壮烈殉国之地茁壮成长。正如邓世昌纪念馆馆长潘剑芬所说:"英雄之树开花结果,意味着英雄血脉的赓续,寓意着英雄邓世昌的爱国主义精神代代相传。"

(本文作者:何栋 杨锦昌 赵志刚)

◎邓世昌幼时手植的苹婆树

十四 樟树

南中国绿化骨干树种之王

> 樟树[*Cinnamomum camphora* (L.) J.Presl]又称香樟，樟科樟属，作为亚热带常绿阔叶林常见的第三纪孑遗树种，进化历史悠久。树高，径粗，深根性，是亚热带常绿阔叶林的代表树种。樟树较喜光，喜温暖湿润气候，不耐寒。对土壤要求较高，适宜深厚疏松、肥沃的酸性土和中性土壤。生长快，易繁殖，萌芽性强，是珍贵的用材和绿化树种。木材致密，硬度适中，耐水湿，有强烈的樟脑香气，能避虫蛀，为建筑、做家具、造船等上等用材。樟树适应性强，山区、丘陵和平原地区，村庄、路旁和水边，城镇、公园和庭院均能生长，主要分布于我国南方地区。

赓续红色血脉

早在汉代，古人就注意到了樟树，司马相如《上林赋》中即有"豫章女贞，长千仞，大连抱""被山缘谷，循阪下隰，视之无端，究之无穷"的文句。在我国南方大部分地区，樟树是最主要的行道树之一。广东惠州惠阳秋长街道周田村是"北伐名将"叶挺将军、"长征女杰"廖似光的故乡。村内多株古樟树环抱，树荫下是叶挺将军幼时学习和纳凉嬉戏的场所，也正是在古樟树的默默注视下，他告别父老乡亲，赴漳州参加援闽粤军，从此踏上救国救民的革命道路。为了更好地传承红色基因、赓续红色血脉，周田村整合叶挺故居、叶挺纪念馆、叶挺铜像广场、牌坊等历史建筑，打造叶挺将军纪念园，介绍叶挺将军生前故事、成长背景和历史功勋，再现了他为中华民族解放、为革命斗争不怕牺牲的"铁军精神"。

孕育贤德风俗

樟树是长寿树，有健康长寿之寓意。作为我国优良的经济树种和生态树种，具有木材、医药、食品、日用化工、香精香料、生物农药等多种用途，集经济、用材、生态和景观价值于一身。它没有艳丽的花朵和硕大的果实，错季换叶，始终常绿，谦逊淡然，使樟树文化具有温馨、温情和温度的人文特性。宋代祝穆在《南溪樟隐记》中描绘古樟树："团栾偃蹇，庇及数亩；老根盘踞，高突地面，如巨石礧砢。"因为喜爱古樟树"清荫覆地，暑气不入，凉飔时来；方春稚绿竞秀，蔼若云屯及玄冥冻沍，此独挺秀"的体态美，他还将住宅建在古樟树旁，并取名"南溪樟隐"，同时通过"顾而见吾古樟，龙身虬柯，昂霄耸壑，则爱其木，凛然岁寒之友在吾侧。是则吾庐虽甚湫隘卑陋，而雄丽伟特之观，固在于轮奂之美也"，借樟树表达出淡泊名利和清廉正气的贤德气节。

见证峥嵘岁月

古樟树是城镇和乡村生生不息的见证者和参与者，因为古樟树的庇佑，城镇和乡村得以世代传承和繁衍。樟树也是岭南城乡最常见的古树名木之一。在广州的古树名木中，樟树有216株，约占全市古树名木总量的2.11%。这些古樟树主要分布在荔湾、番禺、越秀和天河等区。

◎广州起义烈士陵园古樟树

◎广州起义烈士陵园古樟树

广州起义烈士陵园古樟树 —— 见证革命光辉历史

广州起义是中国共产党在城市建立苏维埃政权的一次大胆尝试,为探索中国革命道路与中国革命胜利作出了重大贡献。革命先辈英勇奋斗的顽强意志、不屈不挠的斗争精神、傲骨铮铮的英雄气概永远被后人景仰。广州起义烈士陵园正门石壁上所镌刻的"广州起义烈士陵园"是周恩来总理题写,园中人工湖湖心的纪念亭横匾上的"血祭轩辕"四字,为董必武同志所题,广州起义纪念碑的正面刻有"广州起义烈士永垂不朽",为邓小平同志手书。在广州起义烈士陵园纪念碑西南侧有1株古樟树(编号:44010401700100203),距今已有196年,为三级古树。树高约15米,胸围约495厘米,平均冠幅约22.7米。它见证了先辈们抛头颅洒热血的英勇壮举,见证了这段光辉岁月,见证了中国革命的重大发展历程。古樟树一直守护着这些宝贵的红色遗产,告诫吾辈不忘历史、不忘初心。

◎广州起义烈士陵园古樟树

◎黄埔区火村小学古樟树

火村小学古樟树 —— 广州最古老樟树

　　黄埔区岗荔街50号火村小学保留着1株912岁高龄的古樟树（编号：44011201300301042），是广州冠幅最大、最老的樟树，为一级保护古树。其身侧有1株相映相依的细叶榕，被当地村民称为"千年孖生树"。72年前，火村小学环绕"孖生树"而建，学生围着古树乘凉嬉戏，学习知识。自2000年起，政府有关部门采取了多项措施保护"孖生树"，在"孖生树"周边设置保护标志，增设护栏，修整榕树须根，使其得以繁茂生长。"孖生树"作为火村最重要的文化名片，吸引了许多慕名而来的访客。

136

◎古樟树冬青寄生

◎樟树叶和花

番禺区凌边村古樟树 —— 形如虬龙"樟树王"

凌边村地处番禺中部,古樟树(编号:44011312021400047)位于凌边村西头村口。早在宋末元初,凌边村凌氏始祖凌方道迁居来此时,这棵樟树就已存在,至今已有716年历史。远远望去,古樟枝叶葱翠。据闻在20世纪50年代间,一狸猫躲藏于树洞内,有村民为捉拿狸猫,在树洞口用柴火烧,古樟树严重受伤,主干仅剩下树皮支撑。后于1994年夏,古樟树突然分成两边倒塌,树顶枝丫着地,经番禺区人民政府倾力养护复壮,古樟树恢复枝叶茂盛之态,老树发新枝。这棵古樟树是凌边村的"村徽",见证了凌氏宗族开枝散叶、世代繁衍。

◎海珠区东风村最年长樟树

海珠区东风村最年长樟树 —— 岭南古村社守护者

东风村乃千年古村，古称大塘村，位于海珠区东南部，地处广州大道南。村内地域呈曲尺形，河道众多，一派岭南水乡的迷人风貌。村内小石拱桥头有1株424岁高龄的樟树（编号：44010501610500032），是广州市在册二级古树，也是海珠区最古老的樟树。

在秋日恬淡静谧的阳光里，古樟树似一位温厚老者，那粗壮的躯干，好像在无声地诉说着岁月悠长。其与河涌旁的上涌梁氏宗祠与天后古庙遥相呼应，凝望守护着世世代代的东风村民，陪伴着古村经历风风雨雨，见证了东风村的蓬勃发展。真可谓"十年香樟树，百年白首约，千年古风传，厮守在人间"。

天河区最老古樟树 ——
守望服装小镇发展变迁

在天河区沙东街道天平架沙和路，保留着1株天河区最老的古樟树（编号：44010600700900014），树高约20米，胸围约716厘米，平均冠幅26米，树龄402年。

根据《沙东村志》的记载，沙东的村庄多数建于清朝中期，当时还属于番禺县管辖，距今不到300年，相当于古樟树在沙东村民定居前就已经有100多岁了。村民们对古樟树感情深厚，因其年代久远，经历丰富而淡然从容。古樟树见证了20世纪沙河电影院、沙河饭店、沙河停车场的兴起与消失，还有近年来"五号服装小镇"的快速发展，它默默守护着沙东，看着沙东变得越来越繁荣。

（本文作者：蒋庆莲 唐光大 李铤 刘志伟）

◎天河区最老古樟树

十五 土沉香

珍贵的"烂木头"

土沉香[*Aquilaria sinensis* (Lour.) Spreng.]，广州市仅有1株在册古树，编号为44018310323101326，位于增城区中新镇濠迳村委会，树龄100多年，树高约15.4米。村民们对其精心呵护，在树四周修筑树池围栏，并修建了支撑架，长势良好，枝繁叶茂，叶色浓绿。

土沉香是著名香料"沉香"的原材料，在我国的沉香、麝香、龙涎香和檀香"四大名香"中，土沉香因其香味高贵淡雅而被尊为众香之首。沉香资源珍稀、用途广泛，既可入药，又可制作各种工艺品。同时，沉香还是佛教、道教、伊斯兰教、基督教、天主教这五大教派公认的祭祀圣物。

模式标本广州来

土沉香，又称沉香、莞香等，瑞香科沉香属乔木，国家二级重点保护植物，被世界自然保护联盟（IUCN）评估为易危（VU）等级。土沉香叶片两面光滑无毛，侧生叶脉有15~20条，又密又细，基本上平行排列，这是识别土沉香的重要特征。土沉香花不大，为黄绿色，有芳香味。果实卵球形，上部连接宿

存的花萼，宛如一个个翠绿色的小灯笼挂在枝头，成熟时会像豆荚一样裂开，褐色种子很快滑落出来，仅凭一根丝线悬挂在空中。土沉香的种子属顽拗型或非休眠型，假如在空中暴露时间过长，其活力会因失去水分而迅速下降，甚至不再具有活力。因此，土沉香的种子要尽快钻进土中，回到大地的怀抱。土沉香春夏开花，夏秋挂果，正合乎春华秋实的自然之道。

　　土沉香是由葡萄牙传教士、博物学家Loureiro于1790年命名的，当时描述语句中还注明这个种的土名叫"pǎ mǒu yong"。有趣的是，美国哈佛大学植物学家Merrill教授在详细考证前人的研究材料后，于1920年发文指出土沉香的模式标本可能采自广州曾经的近郊白云山，或老广州人习称的"河南"（今海珠区）。若将"pǎ mǒu yong"按药书中常提到的"白木香"用粤语发音读出来时，似乎一切都合缝了。如今这份模式标本存放在法国巴黎国家自然历史博物馆，条形码号为P00150894，年龄也至少有230余年了。

摧兰折玉终结香

健康沉香木是不结香的，沉香木要在被伤害后才能结香。《广东新语》卷二十六的《香语》中记载沉香："香之树发生山中，老山者岁久而香，新山者不及。结香者百无一二。结香或在枝干，或在根株，犹人有痈疽之疾，或生在上部，或疗下体。疾之损人，形容枯瘠；香之灾木，枝叶枯黄，即知树已结香，伐木取径而搜取。买香者先祭山神，次赂黎长。"这段文字描述了沉香木产生的原因，以及结香对于土沉香本身的危害，即结香是由于沉香树受到外界破坏，在自我修复过程中分泌树脂，并被真菌感染后，形成混合了油脂和木质成分的固态物。结香的沉香木自然掉落后，在时间雕琢下愈发醇香。古人定义沉香级别标准是：油脂含量高且完全沉水者称为"沉水香"，半沉水称之"栈香"，浮于水面称之"黄熟香"，油脂含量少的称为"白木香"。俗话说"十年花香，百年檀香，千年沉香"，指的就是土沉香，其珍贵程度可想而知。

◎增城区小楼镇沙岗村土沉香

香药参禅显珍贵

　　沉香亦有药用价值，可行气止痛，温中止呕，纳气平喘。1500年前，古人就将沉香作为一味中药，《本草纲目》谓之能"治上热下寒，气逆喘急，大肠虚闭，小便气淋，男子精冷"。伴着土沉香点燃后产生的香气入睡，能够让人体舒缓压力，消除疲惫，泡水饮用亦有此功效。近期，研究人员发现土沉香花中的乙醇提取物对肺癌、宫颈癌和神经母细胞瘤等多种癌症的体内病灶扩散有抑制作用，特别在治疗肺癌方面效果显著。

　　沉香木香味浓郁悠远，且质地厚实，自古以来就是名贵木材，明、清两代宫廷皇室都崇尚用此木制作各类文房器物。沉香神秘的香气至今无法人工合成。由沉香木制作的物件，比如神像或念珠，成为供佛参禅重要香品之一，被奉为香中之王，民间认为能镇邪化煞，趋吉避凶，其气善神喜近而恶鬼远离。此外，由于沉香木珍稀且多朽木细干，用之雕刻，少有大材，因而沉香木家具极为名贵。

　　中国人素爱焚香，自古以来对沉香的热爱尤其强烈，沉香作为香薰已有2000多年历史了。唐代徐寅在《尚书惠蜡面茶》中写道："金槽和碾沉香末，冰碗轻涵翠缕烟。"至宋朝，更有"一两沉香一两金"的说法。土沉香乃世上现存最古老的沉香类群，也是上等焚香素材，有人说"在伤痕处诞生，在灰化里完成"，正是土沉香最佳写照。

　　吐故纳新，沉香一缕，便全了中国人千年的风雅和诗意。

（本文作者：王鹏翱　王瑞江　刘志伟）

十六 菩提榕

即心即佛度众生

> 菩提榕（*Ficus religiosa* L.），桑科榕属植物，原产于东印度，为常绿乔木，叶子呈心状，革质互生，深绿色，叶边缘有浅绿色点状花纹，前端细长似尾，在植物学上被称作"滴水叶尖"，因适应热带雨林而成。据《广州府志》卷十六载：菩提树叶"似柔桑而大，寺僧采之，浸以寒泉，历四旬，滤去渣滓，惟余细筋如丝，可作灯帷笠帽，轻盈可爱"。若浸洗去叶肉，网脉如纱，可做菩提纱书签，可见菩提榕的叶片独具特色，且用途广泛。

"菩提"（梵语：Bodhi）意为"觉悟"。菩提榕，梵语原名为"毕钵罗树"（梵语：Pippala）。相传佛祖释迦牟尼29岁出家，走入深山老林苦修，整整6年，每天只吃"一麻一米"，骨瘦如柴，逐渐体悟到苦行并不能使人解脱。于是他放弃苦行，在一棵毕钵罗树下坐禅，经过七天七夜，终于证得"菩提"（意为智慧、觉悟）。因此，菩提榕（梵语：Bodhivrksa）成为了佛教徒崇拜的佛门"圣树"。

小乘佛教有个规定，建寺时须栽种"五树六花"，赋予寺庙一种特殊的、强大的"场"，让善男信女们犹如嗅到了天国的香。菩提榕作为"五树"之一是必不可少的，民间建寺时，常栽于寺中。在人们心里，菩提树就是万灵的神。傣族民谚中说"勿舍父母，勿伐菩提"，古代律法里甚至还规定"伐菩提"与破坏寺庙、杀害僧侣一样，要判处极刑、子女罚为寺奴，可见菩提榕在人们心中的地位神圣且高大。

菩提本无树　何处惹尘埃

寺因木而名，木因寺而神，许多古寺因栽植的菩提古木而闻名于世。中国第一棵菩提树，就生长在广州千年古刹光孝寺内。光孝寺位于越秀区光孝路北端闹市区，历史悠久，在古岭南佛教史上占有重要地位。"未有羊城，先有光孝"，是广州民间广为流传的谚语。早在宋代，"光孝菩提"便已被列为"羊城古八景"之一，历经时间的长河，如今的它，巨冠如伞，早已不是一棵仅有年代感的古树，而是被赋予了禅宗精神的佛树。

那么光孝寺六祖殿前的中国第一棵菩提榕从哪来呢？据史料记载，在梁武帝天监元年（502年），印度僧人智药三藏从印度携来菩提榕苗栽于光孝寺戒坛。相传，这位高僧想要寻找洁净泉水浇灌菩提，他走到寺庙后，拿起手中锡杖，往地上一立，立即涌出一股清泉。他告诉寺僧说："这股泉水是灵源，就跟西天极乐世界中的七宝树林的泉水一样。"寺僧们凿井引水，便有了"西来井"，他们用井中泉水浇灌菩提，菩提苗壮成长，枝繁叶茂。

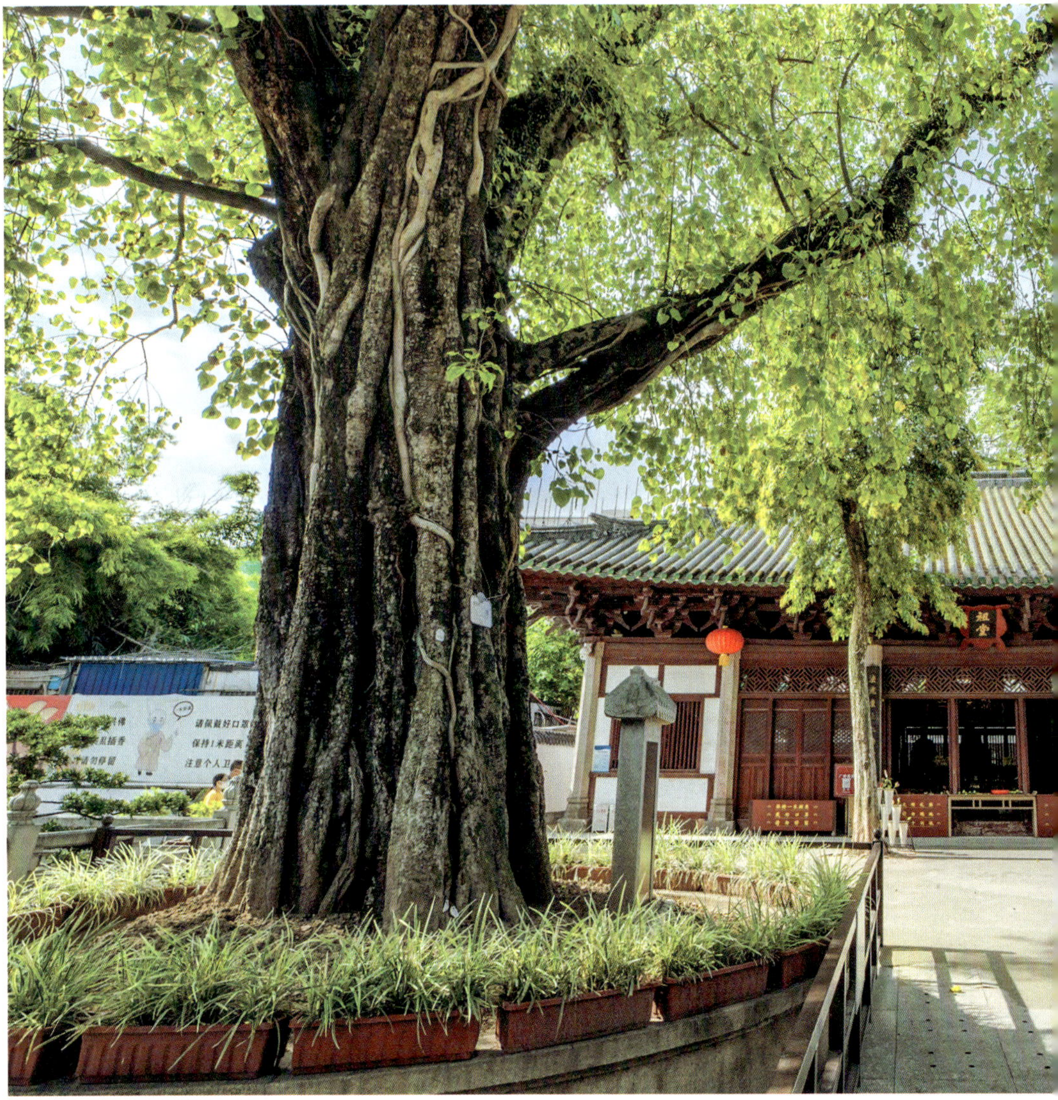

◎越秀区光孝寺祖堂前菩提

智药三藏预言:"吾过后一百七十年,当有肉身菩萨来此树下开演上乘,度无量众,真传佛心印之法主也。"174年后,他的预言真的应验了。公元676年,六祖慧能来到光孝寺(时称"法性寺"),适逢印宗法师在讲解佛经。突然一阵清风吹来,佛阁顶上的旗幡随风飘动,印宗法师问众僧侣:"你们觉得这是什么在动呢?"慧能答"不是风动,不是幡动,仁者心动",一语惊四座。印宗法师甘拜下风,随即走下坛来与慧能交谈,方知此人就是大名鼎鼎的慧能。慧能以"菩提本无树,明镜亦非台,本来无一物,何处惹尘埃"四句偈语得五祖弘忍赏识,传法授衣,之后南归隐迹。在此之前,慧能虽贵为第六代祖师,但仍是行者。印宗法师在菩提榕下为其剃发受戒,才成为完全意义上的释子和祖师。

　　如今,六祖受戒之戒坛虽已不在,但菩提榕犹生机勃勃,树影婆娑。它似乎被赋予了禅宗的能量与精神,挺立在六祖殿前,传播着六祖"即心即佛"的人本观念,"直心是道场"的道德情操,"心平""行直"的诚信意识,"自成佛道"的进取精神。

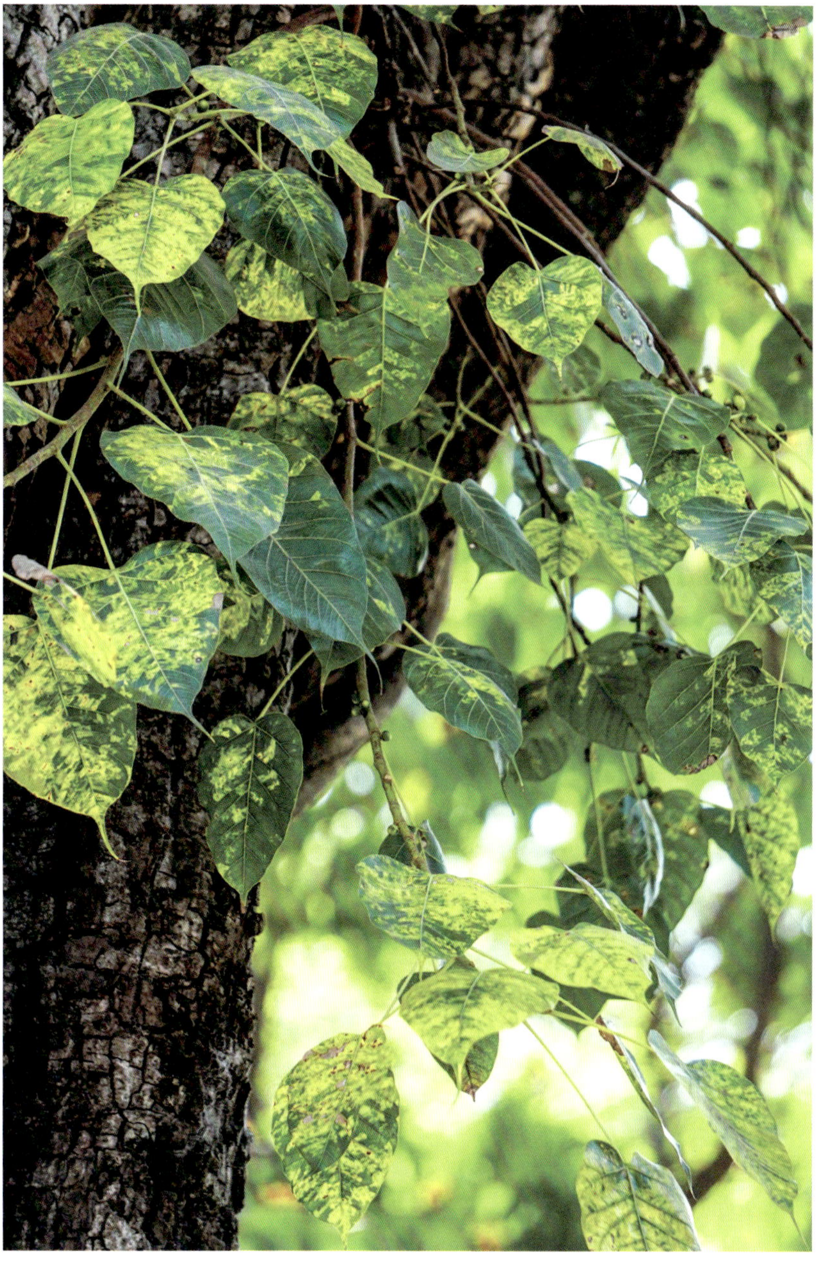

千年血脉终回归

如今光孝寺菩提榕是否千年前智药三藏手植那棵呢？当然不是。据史料记载，原光孝寺菩提榕在清嘉庆年间被大风刮倒，虽经寺僧精心培护，仍于翌年枯萎，后从南华寺菩提榕取枝条于原处种植。为何要从南华寺取枝条呢？这其中还隐藏着另一段故事。当年，南华寺的菩提榕正是从光孝寺老树上取枝条种植而来，称为"子枝"，两地菩提榕应是一脉相承。所以，现在我们看到的光孝寺菩提榕，是由千年前智药三藏亲植老树的"孙枝"繁衍而来。跨越了千年的血脉终是回到了故土，且茂盛如旧，引无数骚人墨客为其赋诗吟唱。如清代刘应麟《诃林菩提为飓风所拔寺僧重植诗以志之》、温汝进《光孝寺重植菩提榕歌》、温丕谟《光孝寺重植菩提榕歌》、史善长《重游光孝寺见稚菩提高出檐阴庇石坛因忆二十年前老菩提夜为巨风所拔诗补悼之》、张维屏《菩提榕》等，他们的诗词在《羊城禅藻集》均有所记录。

光孝寺菩提榕焕发新生

经历了百年光阴的佛树，在2015年衰弱了，满树枯黄，仿佛一个蹒跚老者在向众生呼救。针对光孝寺菩提榕的生存困境，广州市启动专项保护行动，改造菩提榕立地环境，其发达的根系得以重新自在呼吸，再一次涅槃重生，焕发出新的活力。

光孝寺中菩提榕虽不是千年前的那一株，但菩提本无树，眼前的菩提乃其孙枝繁衍，也种植了250余年。沧海一粟，不变的是众生心中对禅宗精神即心即佛的追求。

站在菩提榕下，树影婆娑，不由自主地感受人的自然心性。一花一世界、一叶一菩提，便能寻回渴望的那一片宁静之地……

（本文作者：邓嘉茹）

十七 诃子

海上丝绸之路的见证者

> 诃子（*Terminalia chebula* Retz.），使君子科诃子属，常绿乔木，高可达30米，生于海拔800~1840米的疏林中，常成片分布，主要分布于越南（南部）、老挝等亚洲国家。我国云南西部和西南部有天然分布诃子，广东、广西有栽培。诃子树似木槿，开白花，穗状花序顶生或腋生，常排成圆锥花序，花两性、萼管杯状，无花瓣，雄蕊10枚着生于萼筒上，花药黄色、心形。果实为黄色，形状与橄榄相似，呈椭圆形或倒卵形，表面灰黄色或黄褐色，粗糙，皮肉相连，种子1粒。叶簇生于小枝顶端，单叶互生或近对生，卵形或椭圆形至长椭圆形，两面密被细瘤点。

诃子也称诃黎勒

诃子又名诃黎勒，原产地在印度，意译作"天主符来"。诃黎勒、庵摩勒、毗黎勒是古印度"三果"，由于它们的汉语名字后面都带有"勒"字，古代中国也称其为"三勒"。相传东晋十六国时，为避后赵国主石勒之讳，改称诃子。

"岭南第一古刹"光孝寺里除了闻名中外的佛树菩提树，还有一棵同样历经了时间长河、见证了光孝寺发展的诃子。站在绿树成荫的诃子树下，让人不由自主地冥想，它是时间里的行者，是岭南佛教历史文化传承发展的亲历者，也是东汉时期广州作为海上丝绸之路航线上重要港口的见证者。

虞翻建苑植诃林

三国时期，岭南是东吴的属地。公元233年左右，东吴著名经学家虞翻被流放岭南。彼时的虞翻才华横溢，能言善文，是东吴有名的学者，原本深得东吴之主孙策和孙权器重，他性格耿直，非趋炎附势的墙头草，而是敢怒敢言、犯颜直谏之人。被屡次顶撞的孙权终于容忍不了他，一气之下将其流放到岭南。相传虞翻当时的居住地就在如今光孝寺一带。因住地远离城郭，环境清幽，人烟稀少，摆脱了仕宦生涯的虞翻从此专注学问，潜心研究《周易》，最终写成《易注》九卷，成一家之言，被后人称为"虞易"。他招徒讲学，门徒多达数百人。在著书讲学的同时，虞翻还善于经营园苑，在庭园内栽植了大量诃子树，连片成林，被人称为"诃林""虞苑"。吴嘉禾二年（233年），70岁的虞翻病故，归葬故乡。后来，虞苑就成了佛寺，也就是如今光孝寺的前身。

如果从东吴嘉禾二年（233年）算起，光孝寺至今已有1700多年历史。光孝寺是广东现存历史最悠久的佛寺，而寺内仅存的历经百年的诃子，它的根来自曾经的诃林书院，见证了岭南文化的传承与发展。

"众药之王"属诃子

据史料记载，东汉张仲景所著《金匮要略》中有多处诃黎勒制药的药方，如"诃黎勒散方""诃黎勒丸方"等。由此可见，诃子的药用价值在东汉末年就已被掌握。唐人所编《广异记》中也有对诃黎勒专篇的记载："高仙芝伐大食，得诃黎勒，长五六寸。初置抹肚中，便觉腹痛，因快痢十余行。初谓诃黎勒为祟，因欲弃之，以问大食长老，长老云：'此物人带，一切病消，痢者出恶物耳。'仙芝甚宝惜之，天宝末被诛，遂失所在。"

诃子被誉为"藏药之王"。《月王药诊》记载："诃子有益于百病，升体温，助消化，治风、胆、痰、血所生的单纯病、并发病和混合病。该药为药中之王，与其他药配伍，治一切疾病。"相传很久以前，有个叫益超玛的姑娘，药师佛欣赏她美丽善良，赐予她一棵诃子树，并告知这是众药之王，能消百病，要好好珍藏。为了解除百姓病苦，益超玛将诃子树种在最适合药物生长的"芳香山"，并细心照料，将其推广给四方往来的行者。从此，诃子树就广泛出现在雪域高原，各地藏医都用诃子治病。可见，诃子有很高药用价值，且历史悠久。

还有一则民间趣闻。相传，光孝寺内南廊外曾经有一口井，名叫诃子井，是虞翻所挖。用这口井的井水煮诃子，加入甘草，煮出来的水清香甘醇，犹如新茶。经常饮用此水，须发转黑，养生美颜，因此在明代的时候曾作为贡品进贡。

◎诃子果实

◎越秀区光孝寺大雄宝殿北面诃子

海上丝绸之路的见证者

光孝寺内的诃子树（编号：44010400412100068），树龄153年，在大雄宝殿后面西侧，与瘗发塔相对。唐天宝八年（749年），鉴真大师第五次东渡日本未成，辗转来到光孝寺，见到了寺内的诃子树，并留下了"此寺有诃黎勒树二棵"的记载。据《光孝寺志》记载，明末尚有诃子50多株。如今寺内仅存1株，犹如稀世珍宝。

有学者认为，从光孝寺种植诃黎勒的时间和规模来看，广州作为海上丝绸之路的一个重要港口，很可能在东汉末年虞翻来到广州以前就已经形成。东汉末年，来自波斯、印度等地的商人常会聚于此，在广州大规模种植诃子，并将其作为回航的"海药"用于海上医疗。由此可见，广州在东汉末年作为港口的条件已然比较成熟，且其港口规模不仅仅局限于东南亚各国，应自广州出航，经东南亚过马六甲海峡，到达印度甚至直达波斯湾。

历史的长河奔腾不息，光孝寺里的诃子，犹如时间里的行者，久久伫立在那里，默默守护这一方水土。

（本文作者：毕可可　邓嘉茹）

十八 水松

穿越亿年的"活化石"

> 水松[*Glyptostrobus pensilis* (Staunt.) Koch]，名松非松，在分类学上不隶属松科，为杉科水松属半常绿性乔木，是中国特有的单种属植物，是亿万年前古老的孑遗树种、国家一级保护珍贵树木，是"影响世界的中国植物"之一，被誉为"活化石"。水松主要分布在广州珠江三角洲和福建中部及闽江下游海拔1000米以下地区，模式标本采自广东广州。目前野生种群仅残存于我国南部，以及越南等国家，常见多为人工种植。水松在我国引种历史较长，已引种到长江以北区域，最北至山东烟台。

沧海桑田　孑遗中国

水松曾于早白垩纪至古近纪期间繁盛于北半球，最北分布区达到北纬78°，即在欧亚大陆和北美大陆北部均有分布。至晚第三纪和更新世相继灭绝，尤其是第四纪冰川期后，气温下降，而水松不耐低温，易受冻害死亡，导致其分布区由北向南剧烈收缩，最后在北美和欧洲均灭绝，仅在受冰川期影响较小的我国长江流域以南部分地区及越南呈间断状分布形式保存，成为孑遗种，而我国是现存的水松残遗分布区。第四纪冰川之后的气候也处在剧烈变化中，小冰河期不断出现。中国历史记载四次较大规模小冰河期，其中明末清初的小冰河期海南岛竟然雨雪交加，严重影响到喜温暖气候的动植物分布和生存，水松亦难以幸免。

明清以来，随着人口膨胀、人类生产活动范围扩大，水网密布的岭南被大规模开发，不断侵占水松等动植物的生存空间，生境片段化和连通性下降，尤其是水系的破坏，而水力是水松传播的主要途径，这也造成水松种群繁殖扩散困难，濒危程度加剧。近年来气候变化导致极端天气频发，如极端高温、极端低温、干旱期延长等，因水松既不耐低温，也不耐高温，喜湿润环境，所以仍处于衰退过程，急需加强保护，而栖息地保护是公认的最有效方式之一。

地下森林　　地质奇观

广州白云山、火炉山等山脚下土层中曾发现大量水松遗迹，表明过去这一带水松分布非常普遍。而在广州珠江三角洲地区有成片的水松古木埋藏在农田、水塘或沼泽下面，被称为"地下森林""水松王国"。遗存地下的水松古木胸径多在2米以上，最大可达5米。各个地质时期被掩埋的水松林层层叠叠在地下，与北京路步行街地下的古代道路一样，只不过北京路记载的是千年历史变迁，而水松林遗迹记载的则是亿万年地质变迁。根据碳14测定，"地下森林"最下一层水松距今3000年左右，中间一层2000年左右，最上面一层约500年。北京路古代道路表明地面升高十几米或几十米，而"地下森林"则反映地表升高几百米甚至更多，地质时代久远的水松林变成了化石、煤炭。水松材质轻软易加工，所以年代较近的被埋木材曾少量被挖掘出来做暖水瓶的软木塞，而更多的则被封存于地下，留待后人去发掘。

地上生根　　堤岸卫士

水松高可达15~40米，基径达60~120厘米，生于潮湿沼泽地的树干基部常膨大成柱槽状，柱槽高70~80厘米，并有从背水方向生长出突出土面或水面的膝状呼吸根，以改善通气条件，形成独特的"向上"生根现象，景观独特。尤其是秋天，水松金黄斑斓，色彩绚烂，是优良的水生景观树种。

水松根系发达，呼吸根的存在，使其长期浸泡在水中也能生长良好，且耐水湿、固土抗风力强，种植在堤岸边、农田和鱼塘间，既能抵抗江水冲刷河岸，保护沿江堤岸田埂，也能降低台风影响，保护农业、渔业生产，是岭南地区优良的防护林树种。

水松伴古祠　　保护仍任重

广州市现有在册水松古树5株，分布在从化区、增城区等地，其中胸径90厘米以上的水松有4株。从化区团星村松柏堂前独自矗立1株树龄达174年的水松古树（编号：44018400120000044）。松柏堂是传统古村落，位于街口街道城内路团星村，始建于南宋，建村时就有松柏，故称之为松柏堂。

这里有从化最大的祠堂，存有西溪祖祠、约斋黄公祠，面积约6000平方米。约斋黄公祠始建于明正统年间，距今已经有500多年。约斋黄公祠前保留了1棵水松树，有100多年历史，是松柏堂的象征。当地人称："这棵树可能都是以前老树的子孙咯！"

◎从化区团星村松柏堂水松

增城区派潭镇有1株胸径近1米的古水松，是迄今广州市发现的胸径最大的水松，当地曾在古树旁竖牌，称其为"千年仙松"。在石滩镇塘口村池塘边上，有2株树龄261年的水松古树（编号：44018310223601641和编号：44018310223601642）。当地以"古树名木保护"为题讲党课，把学习贯彻习近平生态文明思想和乡村振兴工作紧密结合起来，切实做到敬畏历史、敬畏文化、敬畏生态。

广州市的水松古树大多生长在村前屋后，生境与原生环境差异极大，健康状况堪忧，亟须进行系统保护。华南国家植物园在从化等地迁地保护水松数千株，使广州地区水松种群数量有所回升。相信在大家的努力下，水松一定可以摆脱困境，濒危亿万年的"活化石"终将重现绿意。

（本文作者：王鹏翱　王瑞江　赵志刚）

◎增城区派潭镇水松古树

十九 梅

独傲冰雪　凌寒不屈

梅（*Prunus mume* Siebold & Zucc.）为蔷薇科李属小乔木，原产于我国南方，先花后叶，花期冬春，果期5～6月，常作为观赏树种和果树，已有3000年栽培历史。花、叶、根和种仁均可入药，鲜花可提取香精，果实可食。

傲雪寒梅　独立冰霜

梅是中国十大名树之一，与"兰、竹、菊"并称"四大君子"，与"竹、松"并称为"岁寒三友"。梅品种多样，花色繁多，有红、紫红、粉红、白、淡黄色等。花开时节，红似丹霞热烈明艳，白如碧玉冰清玉洁，绿似翡翠生机盎然，紫意华贵高雅，黄则纯洁恬静，或淡雅、或浓烈，秀美多姿，且清香四溢。其花期与百花自不相同，怒放于万物沉寂的冬天，在寒风凛冽中独自盛放，愈寒愈盛。

梅花在中国传统文化中是清高孤洁、坚韧不屈的象征，古往今来，文人墨客留下很多咏梅的诗篇。《全宋诗》和《全宋词》近30万首诗词中，有约6000首与梅花相关。宋时黄大兴曾把咏梅作品编成一部专集，名《梅苑》。

人们常借梅言志，如傲雪凌霜超凡脱俗："凌寒独自开""无意苦争春"；孤傲不屈漠视强权："过时自会飘零去，耻向东君更乞怜"；笑对挫折乐观向上："零落成泥碾作尘，只有香如故"；始终不渝保持初心："欲传春信息，不怕雪埋藏""只把春来报"；无惧艰险迎难而上："梅花香自苦寒来""不经一番寒彻骨，怎得梅花扑鼻香""高标逸韵君知否，正是层冰积雪时"。南宋著名爱国诗人陆游尤钟爱以梅花不畏寒冬、傲对霜雪的气节，表达身处逆境而坚强不屈的高洁情操。

礼赞红梅　丹心向阳

"千里冰霜脚下踩，三九严寒何所惧""唤醒百花齐开放""一片丹心向阳开"，一曲《红梅赞》，高歌爱国之情，借梅花迎寒独开、傲雪怒放的品质，比喻中国共产党人坚强不屈的革命精神。迎雪吐艳，凌寒飘香，红梅那冰心傲骨的崇高品质、纯洁坚贞的豪迈气节、自强不息的坚韧毅力、奋勇当先的顽强斗志，正是千百年来根植于中华民族血脉中的红梅精神。

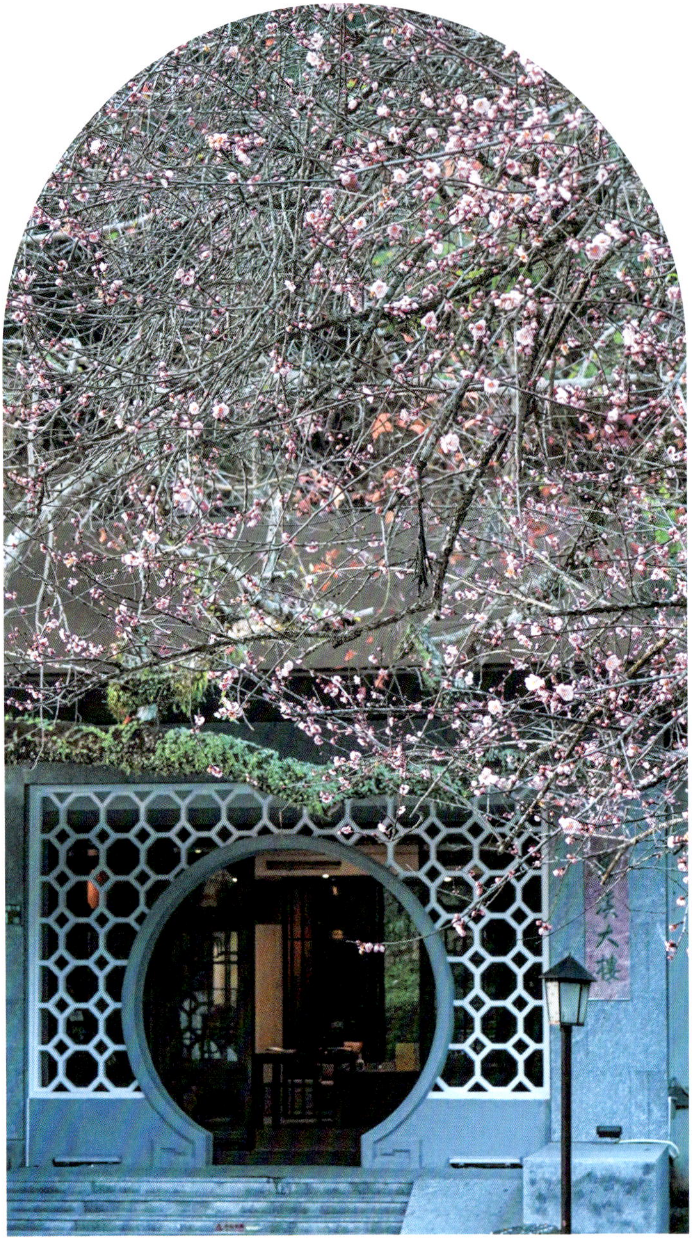

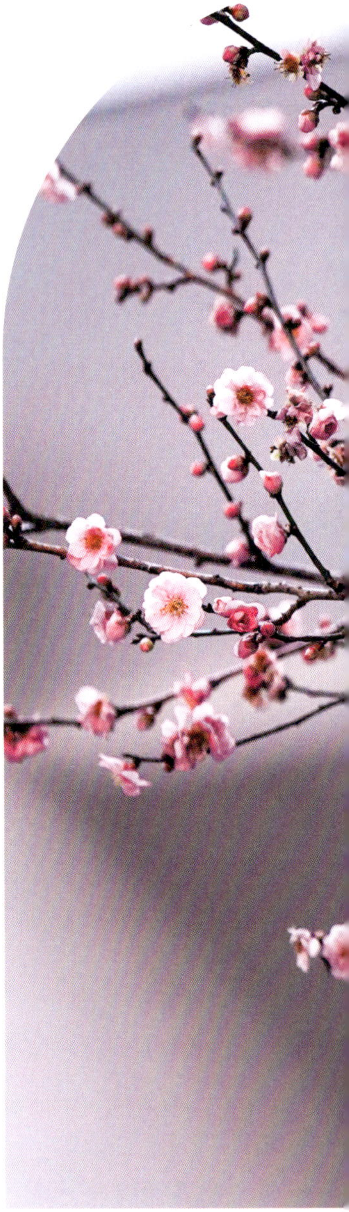

◎从化区广东温泉宾馆红梅

陆游的《卜算子·咏梅》赞美梅花不因风雨而自弃，不因零落而消失，但也表现出无法实现理想的苦闷之情。1961年12月，毛泽东主席在广州期间读陆游咏梅词，深感其文辞虽好但意志消沉，于是再续一首风格不同的咏梅词。"已是悬崖百丈冰，犹有花枝俏""待到山花烂漫时，她在丛中笑"，表达了在逆境中砥砺前行，敢于斗争，并最终取得胜利的革命浪漫主义精神。毛主席的《卜算子·咏梅》，既包含了对传统文化中梅花品格的认同与赞美，也有对梅花文化的弘扬与创新，充满着希望与美好。百年征程，中华民族不畏磨难，勇往直前，终于走上独立自主探索发展的中国道路，创造了举世瞩目的伟大成就。

生态胜地　伟人植梅

从化区是广州市北部重要生态功能区，从化温泉风景区素有"岭南第一温泉"美誉，景区内的广东温泉宾馆坐落在流溪河畔，曾接待过多位党和国家领导人。宾馆的天然温泉水质晶莹通透、无色、无味，高达71℃，经多方权威检测，确定其为苏打矿泉水，经过60多年开发和建设，已成为一座花园式酒店，保存着多株古树名木。

温泉宾馆翠溪楼前生长着2株梅树，分别由周恩来总理和陈毅元帅所植。20世纪50～60年代，周总理曾8次来到广州，均入住在温泉宾馆翠溪楼。1959年，周恩来总理在楼前种下1株梅树（编号：44018410320000500），为"宫粉梅"（*Prunus mume f.alphandii*（Carr.）Rehd.）。这株红梅树花季在每年大小寒期间，花色粉红，天气越冷，花愈盛且香愈浓，至严冬大寒，繁花尽染粉脂红，满树生辉香沁人。由于这株红梅树开花时间先于当地桃树和李树，红梅花旺，则预示桃李花果繁盛，正应"唤醒百花齐开放"之景，也是周总理高风亮节、虚怀若谷，为祖国为人民鞠躬尽瘁高尚品格的写照。周总理种下这株梅树，寄托了他对人民的祝福，希望人们的生活如这棵梅树一样，无畏严冬，傲立寒霜，迎来属于自己的春天。

◎周恩来总理手植梅树

◎陈毅元帅手植梅树

    1962年，陈毅元帅入住广东温泉宾馆期间种下了一株梅树，其常被称为"白梅"（编号：44018410320000501），实为绿萼梅[*Prunus mume* f. *viridicalyx* (Makino) T. Y. Chen]，因其花白萼绿而得名。这株梅树身躯挺拔，迎风斗寒，历四时而长茂。陈毅元帅被尊称为"诗人元帅"，一首"断头今日意如何，艰苦创业百战多。此去泉台招旧部，旌旗十万斩阎罗"被广为传诵，展现了大无畏革命精神。陈毅元帅曾作诗礼赞梅花，"隆冬到来时，百花迹已绝。红梅不屈服，树树立风雪"，既是对梅花的赞美，也是以梅自喻，自我勉励。

（本文作者：黄华毅　赵志刚）

二十　米槠

南亚热带顶级群落主力军

> 米槠[*Castanopsis carlesii* (Hemsl.) Hay.]是壳斗科锥属常绿阔叶类乔木，高可达20米以上，胸径可达80厘米以上，产于中国长江以南的山地或丘陵区，适应性强，分布广，是南方常绿阔叶林的主要组成树种之一。
>
> 米槠树形高大、美观，成年树的树干呈黑褐色，树皮垂直纵裂，具板根，观赏价值高，可作行道树和庭园树。叶正面绿色、有光泽，反面呈毛茸状。花期4～6月，圆锥花序；果期次年9～11月，壳斗近球形或宽卵圆形，坚果直径1～1.5厘米，可食用。米槠可抗污染、杀菌，树皮可作染料，木材可作木炭，亦可作为培育食用菌的基质。

充饥口粮　动物美食

米槠在我国南方分布广，结实量大，在古代收成不佳时，米槠子成为人们充饥的口粮，相对而言米槠的"槠子"更能唤起很多人的回忆。《本草纲目》记载"槠子有苦、甜二种，治作粉食、糕食，褐色甚佳"，槠子指的是苦槠、甜槠、米槠这一类锥属植物的果实。米槠子是坚果，去壳后方能食用，可鲜食、炒食，亦可炖食和蒸食。随着经济社会发展水平的提高，人们不再用米槠子充饥，而以米槠子制作的小吃"米槠冻"则承载了时代的记忆，流传至今。

今天的米槠林已成为动物天堂，由于其开花结实量大，吸引各种昆虫和动物聚集，花栗鼠等小动物在树上觅食嬉戏，白鹇、黄猄等在林内穿梭，让古老的米槠林多了一分灵动，在生物多样性保护方面极具代表性。

康养树种　　森林奇景

米槠抗污染、杀菌能力强，康养保健功能优良，非常适合休闲康养，是极佳的康养森林类型。古老的米槠大多聚集分布，树干上长满了绿色苔藓、蕨类植物，林内幽静、古朴、清新，负氧离子丰富，走在林中心旷神怡，是放松身心、康养保健的极佳场所。

米槠是优良的烧炭材料，历史上广州市从化大岭山林区曾是当地炭场。随着经济社会发展和人们环境保护意识增强，"伐薪烧炭北山中"已成为历史，该林区已成为经原国家林业部批准建立的第一个国际森林浴场。当年采伐留下的树桩生出大量萌条，如今业已长成大树，呈现"三国鼎立""五子登科"等奇景，而且大部分个体生出板根，形成根抱石景象，成为石门国家森林公园的特色森林景观。

石门米槠古树群 —— "北回归线上的明珠"

大岭山位于广州市从化区，处于九连山脉南部的南昆山和青云山结合部，海拔1210米高的天堂顶为广州最高峰。该区域分布有1.6万亩次生林，保存着华南地区较为完整的南亚热带常绿阔叶林顶级森林群落，既是广州市北部重要生态功能区，也是大湾区重要的绿色生态屏障，被称为"北回归线上的明珠"。

石门国家森林公园依托从化大岭山建设，以原始次生林为绿色基底，"广州香山""天池花海""石门香雪"等景点闻名遐迩。在花海旁边的山丘上保

留有一片不为人注意的古树园，参天的米槠、广东润楠、华润楠、樟树等树种星罗棋布，因米槠占绝对优势，被划定为米槠古树群。该古树群由22株古树构成，最大古树的树龄近200年，胸径近1米，占据林冠上层，远远望去，蘑菇形的树冠延绵起伏，树茂林幽，四季风貌各异。夏天雨后林下生"菇"，秋天树上结实长"槠"，各类动物活动频繁。

米槠在保存较好的森林内优势度（dominance）较高，形成相对稳定的地带性顶级群落，但根据近年来的观察，古树园及其对面山坡次生林内均出现个别米槠等树种优势木长势衰弱现象，可能与群落中优势树种的期望寿命、气候变化等多重因素叠加影响有关，这种现象需引起广泛重视，系统分析其成因、过程和影响，以便为后续古树群保护、生态系统稳定性维持等提供科学有效的保障。

（本文作者：杨锦昌　孙煜杰　张劲蔼　赵志刚）

◎石门米槠古树群

二十一 阳桃

火星上来的果子

阳桃（*Averrhoa carambola* L.），又名杨桃、洋桃、五敛子，在岭南地区家喻户晓，为酢浆草科阳桃属常绿乔木，高可达15米，原产东南亚热带、亚热带地区，在我国已有2000多年栽培史，现广泛种植于广东、广西、福建、台湾、海南等地，常见于庭院、村间路旁或疏林中。

历数大自然中的异形水果，阳桃当仁不让。从不同角度观察，阳桃形状横看成岭侧成峰，远近高低各不同，古今文人雅士对其赞叹不绝，谓之："粗枝密叶累垂青，嫩果光鲜闪亮晶。入口先酸甜后应，横切五角似天星。"鲁迅先生称之为"火星上来的果子"。因阳桃果实横切面呈现五角星形，在国外还被称为"star fruit"，其味道像梨，故又称"星星果""星梨"。有诗云"黄金颜色五花开"，说的正是阳桃。阳桃花很小很碎，谈不上璀璨，算不得娇艳，似乎也没有特别香味，一小簇一小簇紫红的花若隐若现在枝丛中。它不与百花争奇斗艳，年年岁岁依时节悄然开满枝丫，果季的阳桃树像缀满了星星。

风味别致　　久负盛名

阳桃果皮光滑鲜艳，带蜡质，果肉金黄细嫩，爽脆多汁，风味可口，富含糖分、维生素A、维生素C以及各种纤维素、酸素，是深受人们喜爱的岭南佳果之一。阳桃口感淡淡酸涩中带着清甜，有种说不出的清美，其甜、涩、酸，三者合一，立体而生动，很是别致，令人食之难忘。南宋辛弃疾赋词："忆醉三山芳树下，几曾风韵忘怀。黄金颜色五花开，味如卢橘熟，贵似荔枝来。"鲁迅评价其"滑而脆，酸而甜"。

阳桃吃法多样，可洗净后削掉边角较薄位置，再切成薄薄五角星片，直接吃；也可蘸糖，或者撒上一点盐，品味酸咸甜合一口感；还可制作成果汁、水果布丁或拔丝阳桃等。

果脯蜜饯　　功效突出

阳桃含有益人体健康的多种成分，不仅可鲜吃，也可加工成罐头、果干、果脯蜜饯等，用盐或糖渍后还可当果菜食用。蜜饯也称果脯，古称蜜煎。中国民间糖蜜制水果食品，经选果、洗净、浸泡、熬制等工序制成，色味俱佳，除了作为小吃或零食直接食用外，蜜饯也可以用来放于蛋糕、饼干等点心上作为点缀。

阳桃一般分为酸阳桃和甜阳桃两大类。酸阳桃果实大而极酸，俗称"三稔"，较少生吃，多作烹调配料或加工成蜜饯果脯。甜阳桃则清甜无渣，适宜鲜食，或加工成果汁、果膏、蜜饯。晋代嵇含在《南方草木状》中记载，当时人们用蜂蜜渍泡阳桃，制成蜜饯，运往北方销售。阳桃蜜饯可缓解胸闷腹胀、消化不良，预防疟疾，为旅行者行囊中常备，具有补充人体消耗所需营养物质及能量的功效，可促进消化酶分泌，起到增进食欲的作用。

独特药膳　　深入人间

阳桃果实性平、味酸甘，本草文献载为药食两用食物，具独特药膳功能，其根、枝、叶、花、果均可入药，常见以果实入药。《本草纲目》指出阳桃主治风热、生津止渴；《纲目拾遗》《广东新语·木语》提到阳桃脯之或白蜜渍之，不服水土与疟者皆可治；《岭南采药录》标明阳桃止渴解烦，除热，利小便，除小儿口烂，治蛇咬伤；《陆川本草》注阳桃可疏滞凉血、能治口烂牙痛。现代研究表明，阳桃富含有机酸，能提高胃液酸度，促进食物消化而达到消食和中之效。其所含挥发性成分及胡萝卜素类化合物，可治疗咽喉炎、口腔溃疡及风火牙痛等病症。

值得注意的是，阳桃含有一种神经毒素，肾功能欠佳人群难以将其代谢至体外，易导致中毒，故此类人群不宜食用。

◎阳桃

◎广州市委大院阳桃

百年俊秀　年湮代远

明代阳桃称谓已出现，李时珍在《本草纲目》形象描述："五敛子出岭南及闽中，闽人呼为阳桃。其大如拳，其色青黄润绿，形甚诡异。状如田家碌碡，上有棱，如刻起，作剑脊形，皮肉脆软。其味初酸久甘，其核如柰（柰为苹果的一种）。"由此可见，阳桃在我国栽培历史悠久。

在广州法政路市委机关大院内，生长着1株树形俊秀的阳桃树，树龄约118年。其主干粗壮笔挺，高12米，冠幅匀称圆满达8米，枝条向阳而生，树叶青翠浓密，散发着勃勃生机。

追溯历史，1905年广东法政学堂（今小北路小学）在此地创办，推算古阳桃树亦于此时栽种。广东法政学堂是由东文场建为广东课吏馆后改建的，今中山大学前身之一，为广东第一所、全国第二所具有现代高等法政教育性质的学堂，也是广东近代系统法政思想教育的发源地。法政学堂作为新式学堂，培养了一批具有近代法政理念、积极投身于民主革命的有志之士，他们为近代国家富强、民族独立与人民幸福作出了贡献，对辛亥革命成功发挥了积极作用。辛亥革命后，法政学堂更名为广东公立法政专门学校，1923年改为广东立法科大学，1924年与国立广东高等师范学校和广东公立农业专门学校合并为国立广东大学，1926年，广东大学更名为国立中山大学。这株古阳桃树，正是这段重要历史的见证者。

（本文作者：钱万惠　贺漫媚）

◎阳桃

二十二 假苹婆

如花枝上艳　荚子缀猩红

在广州南沙区东涌镇长莫村荔枝岗安乐堂西北面山脚，有一株备受当地村民爱护的树木，名曰假苹婆（*Sterculia lanceolata* Cav.）。据资料记载，村里祖先自康熙年间就在此地居住，荔枝岗是村民安葬先辈的地方。不知何时起，这株假苹婆从两块大石间的石缝处生长出来。

似花非花

假苹婆是梧桐科苹婆属常绿乔木，广东南部乡土树种，集观花观果观姿于一体。因其对环境适应力较强，被广泛用作庭院树和行道树。花开时节，朵朵小花似淡红色的小星星在风中闪烁。这淡红色五瓣星形其实是它的萼片。假苹婆作为著名观果植物，是少有的果比花美的树种。果期到来时像大洋的海星在枝头跳跃，果实颜色从翠绿慢慢转为淡黄，再变成红色，远观像开满了红艳艳的鲜花。果实隐藏了花朵温婉小巧的姿态，显得格外热情洋溢，开裂后黑色的种子点缀其上，颇具神秘之感。不论孤植、列植，假苹婆均自成风景，耀眼的红果特别引人注目，如今已成为城市绿化中的宠儿。

3月伊始，假苹婆古树枝头零星的淡红色、淡绿色小花忽隐忽现，仿佛在轻声低语："春天来啦！"待到盛花期，数千朵小花争奇斗艳，如繁星挂满枝头，引来人们一睹风采，更有文人墨客吟诗作画，妙笔生花。流光易逝，待到6月结果时，乍一看树梢挂满了红色五角星，果荚裂开露出里面的黑色种子，像是凤凰睁开了眼睛，让人眼前一亮。村中的未婚少女常常采摘树上果实，作为广东传统习俗"七姐诞"的祭品，用来供奉七仙女祈求美好姻缘，大家也亲切地称它"七姐果"。村中这棵假苹婆如何种下何时出现已无从考究，但它多年来得山水之灵气，吸日月之精华，代替先人默默地守护着这个村子，见证着四季变换、沧海桑田。

药食同源

假苹婆种子富含淀粉、脂肪，属于热带水果的一种，种仁具有较高食用价值。虽然美味，但较难剥皮，去皮后的假苹婆质软色白，广东等地常将其煮、蒸、烤、煲汤、红烧，味如板栗软糯，不仅甘香可口，还具有健脾固肠、调理泄泻功效，成为人们餐桌上的常客。

假苹婆根和叶常入药，具有舒筋通络、祛风活血的功效，用来调理治疗风湿痛、产后风瘫、跌打损伤等病症。有研究者发现，假苹婆树皮黄酮提取物对DPPH自由基的清除能力最高达93%，具有较强抗氧化能力，可用于制作抗氧化剂、食品添加剂，未来开发黄酮类制品的市场潜力巨大。

姐妹差异

在植物命名中，常常会出现名称中带"假"字的情况，而"假"和"真"两种植物大多时候都具有相似的特点。说起假苹婆，总会让人想起苹婆，这对"剪不断理还乱"的姐妹花易让人混淆。苹婆和假苹婆同科同属，生于华南山野间，十分常见，不过假苹婆是中国产苹婆属中分布最广的一种，它还有一个别名叫"赛苹婆"。二者相似之处虽较多，但通过观察花果也很容易区分。假苹婆花五瓣似星星，果实修长有五荚，种子和花生米大小相近；而苹婆花如镂空小灯笼，果实只有三荚，但种子更大，介于蚕豆和鸽蛋之间。"苹婆"通"频婆"，常出现于佛经中，意译为"相思树"，这也是苹婆和假苹婆作为乞巧节供果的原因之一。在栽培上苹婆果实产量较低，而假苹婆常被人用来充当苹婆果的替代品，果真是一对亲密姐妹花。

◎南沙区东涌镇长莫村荔枝岗假苹婆

名字之争

假苹婆和苹婆这对姐妹花在历史上曾一度和苹果家族抢夺名字，渊源之深引起广泛关注。我国古代关于苹果的记载最早在汉代，司马相如《上林赋》中写道"亭柰厚朴"。"柰"指的是如今说的沙果，后又衍生出林檎和柰李，分别指苹果属和李属水果。到了元朝，一些产自中亚的水果被引入中原地区改良栽培，"苹果"就是其中之一，当时被称为"频婆果"，由于是外传，也写作"苹婆"和"平坡"。而在当时岭南地区原本就有一种叫作频婆果的水果，吴其濬《植物名实图考》中记载"如皂荚子，皮黑肉白，味如栗"，正是如今的苹婆，因此许多人将二者混为一谈。到后来苹婆果、频婆果逐渐被人简称，明朝后期正式出现了"苹果"一词。晚清时西洋苹果广泛种植，苹果之名完全取代了苹婆果的名称，苹婆和苹果完全区分开来，而苹婆一词也正式属于了梧桐科苹婆属植物。假苹婆和苹婆的花语有"一切随缘"的含义，正如《老子》中所说："天之道，不争而善胜，不言而善应。"也许正是这种顺应自然的天性，才让假苹婆和苹婆在漫长的名称之战中取得胜利。

安之若素

"天阶月色凉如水，卧看牵牛织女星"，古时女子摆上七姐果乞求姻缘，如今姑娘站在假苹婆树下，拾起果实细细欣赏它的美丽，孩子们把它当风车举在头顶迎风奔跑，农民采上一筐回家大饱口福。即使在恶劣的环境中，假苹婆仍以其独特的名字和外形立于天地之中，予取予求，诉说着历史也展望着未来。《花与果》一诗中写道"花是青春的符号，果是岁月的收成"，有的树木花儿娇艳，果子未必甘甜，果实累累的植物，开花时却不一定耀眼。假苹婆在它的生命周期中，只能开出一朵朵小花，在群芳斗艳时忍受孤独，默默经历风雨，感受阳光，等到结果时全力释放自己，以最耀眼的姿态展示自己的卓越风姿。厚积薄发，在生命的长河中泰然处之，在平凡的生活中学会享受，努力成长总有一天会结出最甜美的果实，这就是假苹婆告诉我们的道理。

（本文作者：何栋　杨锦昌）

二十三 罗汉松

苍虬嘉木　福禄双全

罗汉松 [*Podocarpus macrophyllus* (Thunb.) D. Don]，隶属罗汉松科罗汉松属，为裸子植物中的常绿乔木，是国家二级重点保护植物。罗汉松树皮灰色或灰褐色，枝条开展或斜展，叶螺旋状生长在枝条上。罗汉松为雌雄异株植物，雄花生长在叶腋处、穗状，花穗基部有三角状苞片，雌花单个生长在叶腋，有花梗，基部有苞片；种子呈卵球形，成熟时肉质假种皮紫黑色，种托肉质、圆柱形、红色或紫红色，形状像礼佛的罗汉，观赏价值高；花果期为4～9月。罗汉松在我国分布于东部和南部地区，在国外分布于日本等地，模式标本采自日本。

福禄双全

罗汉松四季常青，树形挺拔，姿态雅致。到了成熟季节，罗汉松种托表面的种子光滑无毛，表面有白粉，如一个个高僧端坐默诵心经，颇有些世外云天的禅宗趣味，人们便称之为"罗汉松"。有诗赞曰：

本性最适住梵宫，随缘植入红尘中。
红尘多是沥风雨，还滋本色四季同。
但教人间增翠色，更祈结果与佛供。
默默相视勿多语，意寄窗前罗汉松。

罗汉松神韵清雅，自有一股雄浑苍劲的傲人气势，有长寿、吉祥的寓意，是住宅庭院的首选绿化树种，常被栽植于宾馆、庭院和寺庙中。人们祈求在树上"罗汉"众仙的护佑下，居家平安、出行顺利、事业有成。罗汉松极其长寿，被认为是吉祥之树，在许多富贵之家，即使祖上物件遗失了，栽植的罗汉松依旧常青。时光流逝，岁月变迁，当子孙后代回顾历史，也许故人已逝，旧物难寻，罗汉松却依然青翠，带着祖先的荣光与期待，伴随着一代代人成长。罗汉松还寓意好财运，岭南地区俗语云："家有罗汉松，世代不受穷。"

苍虬佳木

由于罗汉松姿态优美、叶片常青，树枝韧性很强，易于弯曲变形，叶片往往数片成一簇，经过简单修剪，即造型风韵独具，常用于制作盆景。罗汉松用于制作盆景历史悠久，在大师们精心雕琢下，罗汉松盆栽别具一格，或似瑞松挂枝于峭壁，或似苍龙盘踞于山峦，或似古松近于溪畔湖岸……其中之妙，难以言说。在粤港澳台盆景艺术博览会、中国唐风盆景展等重要盆景艺术展中，均可看到用罗汉松制作的盆景，万壑松林浓缩于案头，咫尺山林尽展于眼前，真是赏心悦目。也正因为如此，20世纪80年代，广东沿海山地生长的形态奇特、个体较小的罗汉松苗木被人肆意挖取，以贩卖获利，导致现在极少见到野生罗汉松。

◎越秀区怀圣寺罗汉松

秀外慧中

罗汉松还有很高的药用价值，具有消肿止痛、清热解毒和止血等功效，民间常用于跌打肿痛、风湿骨痛、咽喉炎等病症治疗。现代研究表明，罗汉松主要生物活性成分为二萜二内酯和双黄酮，具有不同程度的杀虫、趋避、抑菌、抗氧化及抗肿瘤等性能。

除此之外，罗汉松木材十分致密，富含油脂，能耐水湿，抗腐蚀，有"水浸千年松"之说。罗汉松不易遭受虫害，是江河湖海边建筑的良好用材，可谓"秀外慧中"一嘉木。

罗汉松常年青翠，树形优雅雄浑，果实犹如罗汉仙僧，极具观赏价值，为人们所喜爱，常栽种于亭堂庙宇、公园社区，在广州就有2棵古老的罗汉松。

◎白云区白云山飞鹅岭景区罗汉松

雕塑公园罗汉松 —— 近千年的苍翠

在广州市白云山飞鹅岭景区雕塑公园雕塑馆前，有1株230年树龄的罗汉松古树。这株编号为01060105的罗汉松为雄株，是1995年广州市对白云山飞鹅岭地区进行建设改造时，由香港裕达隆有限公司执行董事长张松先生捐赠。这棵高近7米、胸径达73厘米的罗汉松与旁边刻着"羊字演化史"的羊字丰碑相伴相辅，一起见证了广州40余年改革开放的辉煌和变迁。

怀圣寺罗汉松
近代中国历史的见证者

在广州市越秀区近北京路繁华地带附近，有一座幽静的清真寺——怀圣寺。进入正门后是由红砂岩石墙构建的看月楼，楼旁边种有1棵编号为44010400711000106的罗汉松古树，树龄128年。据记载，在唐贞观元年（627年），伊斯兰教创始人穆罕默德的门徒宛葛素开始在中国传教，他和侨居广州的阿拉伯人捐资修建了这座清真寺，为纪念穆罕默德而取名为"怀圣"。怀圣寺于元朝至正三年（1343年）被焚，7年后重建，现存建筑为清康熙三十四年（1695年）重建后的规制，在中华人民共和国成立后又经历多次修葺。据树龄推算，这棵罗汉松应为清朝末期光绪年间所种，目前树高约4米，胸径约26厘米。在默默地与怀圣寺相伴的岁月里，它见证了中国近代沦为半殖民地半封建社会的苦难屈辱，以及中国人民追求国家独立和民族伟大复兴的历史。

（本文作者：王鹏翱　王瑞江　刘志伟）

◎越秀区怀圣寺罗汉松

二十四 橡树

漂洋过海传情来

在广州流花湖公园西苑有一棵象征着中英两国友谊长存的橡树（编号：44010400411700015），植物学上叫作夏栎（*Quercus robur* L.），为橡树的一种。1986年，时任中国国务委员兼外交部长吴学谦、广东省省长叶选平等陪同英国女王伊丽莎白二世参观广州"岭南盆景之家"——流花西苑，英女王亲手种植了这棵树。历经几十年风雨，夏栎茁壮成长，其优美姿态和重要外交意义吸引了不少中外游客前来打卡。夏栎也叫作夏橡、英国栎，原产于欧洲，寿命悠长，我国北方栽培较多。这棵由英国女王亲手种植的夏栎在华南地区露天栽培实属罕见，代表着中英两国友谊天长地久。

文学作品中的象征意义

"我如果爱你——绝不像攀援的凌霄花，借你的高枝炫耀自己；我如果爱你——绝不学痴情的鸟儿，为绿荫重复单调的歌曲。"这是著名女诗人舒婷写的脍炙人口的《致橡树》，文中橡树是一个高大伟岸的形象，以"木棉"对"橡树"的告白，表达出诗人关于爱情需势均力敌、男女平等的观点。作者本人也曾说过这首诗歌并非一首爱情诗，但读者们仍然喜欢当作爱情诗来欣赏，而橡树和木棉也成了诗歌中的两个新意象。

无独有偶，一则寓言讲述了这样一个故事：一棵橡树和苹果树、玫瑰生长在一块，苹果结了果实，玫瑰开出花朵，只有橡树毫无变化，苹果和玫瑰都认为橡树不努力，纷纷指责他。橡树拼命努力，却仍结不出苹果，也开不出玫瑰。直到一天一只鸟儿飞来告诉他，橡树就是橡树，应该走自己的路，长得高大挺拔，供鸟儿栖息，给游人纳凉，终于小橡树成长为一棵为人遮风挡雨的大橡树。

在文学作品中，橡树常常代表着挺拔和坚强，以及时间的永久和坚定的信念。

社会生活中的广泛用途

夏栎在我国有接近200年的栽培历史，自古以来即被广泛用于人们的衣食住行之中。《图经本草》中有记载"材大者可作屋料，枝小者可作薪炭"，古人早就意识到夏栎既可以做燃料，也可以用于建造房屋。夏栎木材坚实厚重，常被用作木制建筑的承重木，车辆、家具、桥梁等建造作业之中也可见其身影。古代老百姓的赋税严苛，缺少粮食，劳动人民常寻找野果野菜充饥，夏栎这类橡果就是其中一种，这也是至今部分地区食谱中出现橡子的原因。夏栎根提取物有护肤功效，护肤品常添加其树皮提取物。在欧洲航海时期，造船业发展迅速，夏栎是造船的重要原料。其木材颜色为浅黄褐色，有着深色条纹，非常适合制造葡萄酒桶，而且夏栎中的鞣花酸能够让葡萄酒颜色澄清，可提升葡萄酒香气和口感。近现代，城市中越来越追求观赏彩叶树种，北方城市越来越强调增彩延绿，夏栎作为我国半个乡土树种，有着极强适应性和忍耐力，生命力顽强，并且能为许多野生动物及鸟类昆虫提供食物，在生态系统中具有重要作用。

◎广州流花湖公园西苑橡树

南粤大地上的友谊常青

1596年，英国女王伊丽莎白一世写了一封亲笔信，派使者约翰·纽伯莱带给明朝万历皇帝，信中表达了对英中两国开展贸易往来的愿望。可惜的是，约翰·纽伯莱在途中遭遇不幸，虽然信件没有丢失，但却成了伊丽莎白一世的终身遗憾。此后，信件被英国国家博物馆收藏。1986年，时任中国国家主席李先念邀请英国女王伊丽莎白二世访华，按照国际惯例，国家元首之间交往可以互赠礼品和小纪念品。伊丽莎白二世认为，国礼不在于含金量有多高，关键要体现送礼国的文化习俗和友谊，她决定，将那封时隔390年的信作为赠礼。

1986年10月，伊丽莎白二世应邀访华，她成为第一位访问中国的英国国家元首。身着一袭红装的英女王将信件赠送给李先念主席，深情地说："390年前这封信未能到达你们这个伟大而美丽的国度，今天终于由我本人平安地送到了，我为此感到由衷的自豪。"在访华最后一站广州，伊丽莎白二世品尝了烤乳猪等经典粤菜，留下了名为"英女王宴"的经典菜式套餐。之后，她来到流花西苑，亲手种下一棵来自英国温莎大公园的橡树树苗。从此夏栎牢牢扎根南粤大地，长成"有美英姿七尺长，桓桓威武孰能当"的模样。伊丽莎白女王将英国国树种植在这里，不仅是中英两国之间友谊的体现，也表达了对两国人民精诚合作、携手奋斗，共创美好未来的良好愿望。

（本文作者：杨锦昌　何栋　李铤）

二十五 红花天料木

枯荣相继 代代相承

红花天料木（*Homalium hainanense* Gagnep.）又名母生，为大风子科天料木属乔木，是海南省著名乡土树种之一，也是我国珍贵用材树种。树皮呈灰色，叶片为长圆形，木材质地优良，呈红褐色。结构致密均匀，纹理清晰，材质坚硬，容易加工，干燥后不开裂、不变形，耐腐，材色一致，切面光泽且平滑，是高级家具、建筑、桥梁及雕刻等的重要用材，经济价值高。每年6月到翌年2月，它会时不时地生出一串串花序，缀满细碎的小花，内面白色，花瓣呈淡淡的红色，"红花天料木"由此得名。

红花天料木国内产于海南，生于海拔400～1200米的山谷密林中，适生于华南温暖湿润环境。云南、广西、湖南、江西、福建等省区皆有栽培，越南也有分布。

一枯一荣 生生不息

在海南热带雨林中，成材的红花天料木被砍伐以后，新的幼苗会从树桩根部萌发出来。老树即使被伐，仍能为后代提供良好生长条件和营养物质，幼苗在老树树墩支撑下，慢慢长成参天大树。老树为了后代茁壮成长，任劳任怨，犹如母亲含辛茹苦供养孩子成人，可谓"鹅乳养雏遗在水"。"母生"因此而得名。

《诗经·邶风·凯风》中写道，"棘心夭夭，母氏劬劳"，即小树苗能够茁壮成长，是母亲辛勤哺育的功劳。红花天料木生命力顽强，母生树成材期长，要长成大树，需百年之久。老树一生饱经沧桑，砍伐后萌发的小苗再努力成长为母树，如此循环往复，代代相承。没有母树默默付出，幼苗难以长大成材，因此每一代循环都是一次涅槃。红花天料木可贵之处有两点，一是甘愿为后代付出，哺育支撑幼苗生长；二是生命力顽强，越挫越勇，一棵母生树的养分可供数代人甚至十几代树木持续利用。时间沉淀的，是坚韧不拔的精神。

材质坚韧　　媲美珍材

红花天料木是国家特一类木材，可与世界珍材桃花心木、柚木、酸枝木等相媲美，具有材质坚韧、色泽鲜艳、经久不腐、永不变形的特点。木材适于制龙骨、船底板，也可供桥梁、建筑、码头设施、高级家具、车辆、运动器械、雕刻及细木工等使用。在明代，红花天料木常常作为木材建造皇宫。

2009年7月，河南省息县第三次全国文物普查队在信阳市城郊乡徐庄村张庄组的淮河西岸河床下，发现了一艘大约为商代时期的独木舟，这是迄今为止我国在考古中发现最早、最大的商代独木舟，因此有"中原第一舟"美誉。这艘独木舟由一根完整的圆木凿成，其原木就是红花天料木。由于其结构坚硬，具有韧性、耐腐、干燥时不翘裂等特点，因此修建桥梁、船只等都将此作为重要用材。这艘独木舟的发现，为研究我国航运史，以及当地古气候、水上交通史、造船史、息族先民生产生活状况提供了珍贵的实物资料，具有重要的历史、艺术和科学价值。

美美与共　名实相当

红花天料木树干通直饱满,树冠匀称高大,枝叶浓绿茂盛,花呈粉红色,花期持续时间长,是良好的园林绿化和市政行道树种,广泛应用于庭院风景绿化、城市环境美化和林分结构优化等。此外,由于其具萌芽力强、耐修剪、恢复生长快等多种优良特性,在楼盘等建筑用地的快速绿化、植物造景、盆景栽培等方面,亦有良好应用前景。其枝条和树干富含多胺、异香豆素、疫苗素、木脂素、苯类糖苷、酚苷及环己烯酮羧酸酯等多种化学成分,在化工、医药等行业应用广泛。叶片和树皮对风湿病、糖尿病和伤口愈合有较好疗效。

红花天料木为我国珍贵用材树种,也是海南省重点保护植物。现存最高古树是位于海南霸王岭的一株树龄750多年的红花天料木,高达49米。85棵"中国最美古树",其中之一就是坐落在海南省霸王岭国家级自然保护区内有着650年树龄的红花天料木。

◎阿富汗国王查希尔·沙阿和王后手植红花天料木

见证友谊　共同成长

1964年10月，阿富汗国王查希尔·沙阿和王后访华。11月6日，国王和王后抵达广州，在时任广东省省长陈郁、广州市市长曾生陪同下游览广州市容，参观了中国科学院华南植物园，在植物园草坪办公楼前亲自种下一棵红花天料木（编号：44010601700100009）纪念树，并与省市领导以及时任华南植物园主任陈封怀研究员在此合影留念。从此，这株1米多高的小树扎根华南植物园，成为中阿两国友谊的美好见证，承载着两国人民的共同期待。

时光飞逝，这株红花天料木已长到10多米高，树干上爬满了附生的薜荔，遮住了斑驳的树皮。在《中国植物志》中，红花天料木的外形被定义为"树干高大通直"，可是这棵作为纪念树的红花天料木却不然，它劲枝虬干，弯曲的树枝宛如挥舞的手臂，远远望去，仿佛在向往来的游客问候致意，诉说着过去的传奇，回忆着当年的风采。站在树下抬头仰望，纷繁的枝叶将猛烈的阳光筛滤成细碎的光斑，随风摇曳。在重重叠叠的光晕中，依稀能看到边缘带着平缓锯齿的长圆形叶子，互生于小枝上，层层排布，苍翠可人。

2009年，在纪念澳门回归祖国10周年系列活动中，最引人注目的是南屏澳门回归公园项目，珠海市和澳门特别行政区在公园内一起种下一棵红花天料木作为纪念树，因其能在一根主干上分生出许多枝干而颇具寓意。珠海和澳门犹如树上的两棵小苗，在祖国支持下团结一心，友好相处，茁壮成长。值得一提的是，当年种下的那棵红花天料木树龄正好60年，也寓意中华人民共和国成立60周年。无论是整个国家，还是两个地区，都如同红花天料木蕴含之意，彼此血浓于水密不可分。

（本文作者：杨锦昌　贺漫媚）

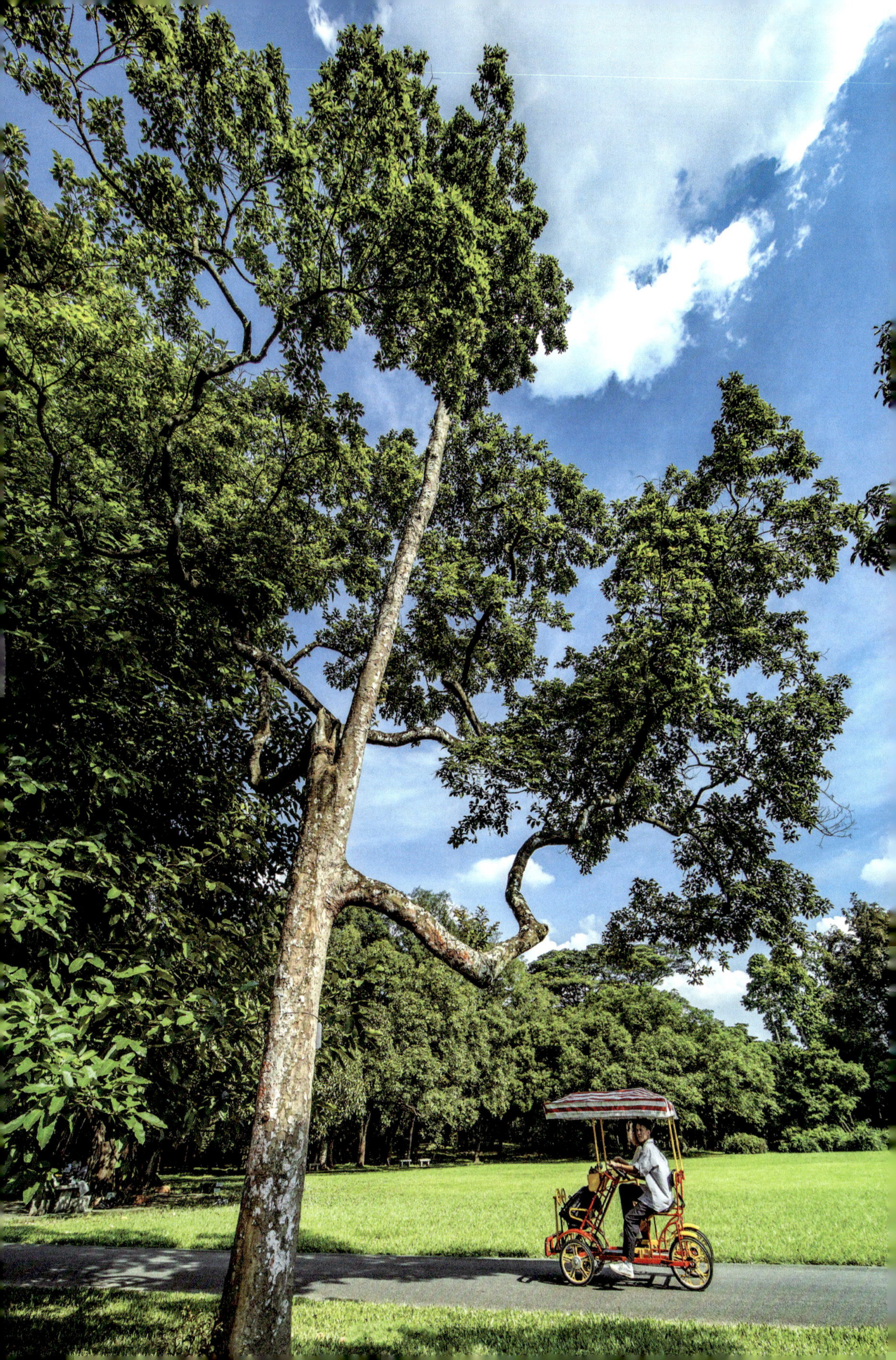

二十六 铁冬青

秋冬里的一抹红

> 铁冬青（*Ilex rotunda* Thunb.）是冬青科冬青属的常绿乔木，高可达20米，胸径可达1米，叶子仅长在当年新发的枝条上。铁冬青雌雄异株，花序生于当年生枝的叶腋内。花期3~4月，果期8~12月。生于海拔400~1100米的山坡常绿阔叶林中和林缘，常生长于山下疏林或沟、溪边。广泛分布于我国南部，在朝鲜、日本和越南北部也有分布，模式标本采自日本。

枝叶常青　冬日如炬

对南方人来说，铁冬青并不是一种陌生的植物。南方的冬天，虽不似北方那般万木凋零，但也是落英纷纷，难以见到不寻常的趣景。在这样的环境中，树木若有些许颜色已经是极美的点缀了，铁冬青却坐拥满树红彤彤的果实，成了秋冬中独有的一抹色彩。在广州市白云区太和镇大沥村委会北帝庙前路旁，就有这样一株铁冬青古树（编号：44011110720900163）。

铁冬青树叶厚而密实，树冠舒展饱满，树形优美，无果时似老僧入定，古朴典雅。铁冬青只有雌雄相伴，植株才能结出果实。每值秋冬季节，铁冬青的果实慢慢地从叶腋里探出头来，三五成群地、悄悄地攀上了树枝。一开始是绿色的青涩小果，在阳光呼唤下，渐渐地变为黄色、玫红色，最终变成了喜气洋洋的大红色。果实成熟后，像红宝石般镶满枝条。冬青科很多植物的枝叶与果实即便是在冬天，也只有轻微的落果与落叶现象，保持着绿叶红果的姿态，这便是冬青之名的由来。铁冬青四季常青，能形成荫蔽的环境，果熟时红若丹珠，能产生多层次丰富景色效果，是理想的园林观赏树种。

《金林独俏铁冬青》中写道："果束珊瑚秋竞丽，花团锦绣夏争馨。千支焰火凌霄降，万颗珍珠贺岁星。"描绘了铁冬青花开在夏季的无限生机，结果后像珊瑚和珍珠般挂满枝头的场景。铁冬青因其花多果艳且凌冬不损的特性，在花市上得了"万紫千红"的雅号。有趣的是"万紫千红"不是形容花朵，而是形容果实，又因为与"万子千红"发音相近，铁冬青便有了家业兴旺、子孙满堂的好寓意。

救急良药　　全株是宝

铁冬青果实是华南地区常见中草药，是广州廿四味凉茶配方其中一味，也是著名凉茶"王老吉"的原料之一。成熟的果实像一颗颗迷你山楂，《岭南采药录》记载其"味苦""清热毒"。《南宁市药物志》中也有描述："清凉解毒。治痧症，内热。熬膏可涂热疮。"铁冬青具有很高的药用价值，又名"救必应"，能加快凝血，缩短止血时间，对挽救生命有很大帮助，治疗感冒也有一定效果。中药"救必应"正是由铁冬青的干燥树皮制成，其树叶和树根也有清热利湿、消炎解毒、消肿镇痛之功效，被誉为"药王奇"。在广西汉墓考古中发现，距今2000多年的汉代墓葬中就陪葬有铁冬青树叶和种子。

除了观赏和药用价值，铁冬青枝叶可作造纸糊料原料，树皮可提制染料和栲胶，木材可供作制农具、用具和柄把等。叶子遇火时不燃烧，只形成黑色圆圈，故可作为防火树种。

◎铁冬青古树

古树冬青　　守护苍生

明朝袁宏道曾经写道："玄霜畏冬青，白发傲年少。"形象地描述了冬青不畏寒冬的特点。冬青的这种特性，往往让人联想到君子的高尚品格，为理想不懈奋斗的精神。

广州市共有6株在册铁冬青古树。白云区太和镇的铁冬青古树，树高9米，胸径57.96厘米。它生长在路边，生存条件差，车辆往来不绝，加上土壤质量较差，古树总体健康堪忧。尽管如此，这株古树经过救治，顽强地与命运抗争。据调查，这株铁冬青种植于清光绪年间，结合胸径分析，距今约有134年。据当地老人说，这株树是人们祈求风调雨顺、家庭平安的风水树，希望它能保佑村民们一切顺利、平平安安，寄托了村民对美好生活的向往。

铁冬青，坚定如铁，纵使严寒而不摧，万紫千红，常绿长青，可谓是形貌与精神俱佳的良木。

(本文作者：王鹏翱　王瑞江　阮桑)

二十七 水翁

河岸湖畔的"精灵"

> 水翁（*Syzygium nervosum* A.Cunn. ex DC.）是桃金娘科蒲桃属的大乔木，主要分布于我国南部地区。水翁树高可达15米，树皮灰褐色，颇厚；树干多分枝；叶片较厚，长圆形至椭圆形，叶的先端急尖或渐尖，基部阔楔形或略圆，两面多透明腺点。水翁的花序大多生长在叶子脱落的老枝上，卵球形的浆果在成熟时变成紫黑色。

水岸的"不倒翁"

水翁又叫水榕、水雍花、大蛇药，喜生于水边。水翁树体高大，姿态雄壮有力，树冠浓郁丰满，根茎遒劲，盘错曲折，有护堤固坝、遮阳避暑的作用。生长在岸边的水翁树，树干多向水中央微微倾斜，枝条旁逸斜出挺立，显得无比飘逸、俊秀。有人戏称水翁是"水中的不倒翁"，而用"河岸一老翁"来形容水翁更让人印象深刻。无花时，水翁如猛虎盘踞水边，一阵风吹过，叶子沙沙作响，仿佛虎啸江岸；盛花时，一簇簇绿豆般大的青白小花穿插于密叶之中，犹如翡翠镶嵌于绿玉，矗立水岸，花叶相映照，幽香阵阵，撩人鼻翼，吸引蝴蝶、蜜蜂前来吸食花蜜，蹁跹起舞的小昆虫成了花间点缀，甚是壮观。到了果实成熟季节，紫黑色果实随风摇曳，散发着清新自然的味道，小鸟最是喜欢，所以水翁常被作为招鸟植物栽种。水翁果实有的被小鸟啄食，有的飘落在溪流上，随溪水缓缓流动，成了鱼儿们翘首以盼的盛宴。

湿地的"清洁工"

湿地包含陆地和水体，具有相对复杂的生态系统，决定了它能够容纳高负荷的污染物。水翁耐水淹能力强，常作为湿地栽培树种。人工湿地中的水翁具有发达的根系，可维持正常的光合作用、水分代谢和矿质营养代谢，保持生长速率，说明水翁能够适应湿地环境。水翁可以净化湿地中的污染物，发达的侧根能够持续广泛地吸收水里的氮和钾，帮助减轻水体富营养化。作为高大乔木，水翁可与其他灌木和水生草本植物结合起来，构建由乔木、灌木和草本组成的湿地植物生态系统，既可利用草本植物发达的根系和通气组织，为湿地中的各种生物提供充足氧气和理想的附着物，又可充分发挥木本植物所具备的、更高的生物积累能力，从而更好地改善水环境。

◎从化区钟落潭镇良田第三小学白沙校区水翁树

乡间的"土郎中"

民间有句俗话："水翁水翁、乡间郎中。"水翁有很高的药用价值，树皮、树叶和花果都是宝。《广东中药》有关于水翁的记载："治外感发热头痛，感冒恶寒发热。"其中水翁花制成的药茶味苦、微甘，性凉，能够清热解毒，祛暑生津，消滞利湿，具有抗炎、解热镇痛、抗内毒素、诱导癌细胞凋亡、保肝及降血糖等多种活性，以及体外抗氧化活性。水翁花香算不上浓烈，却也沉郁悠长。中国人素来酷爱花之幽香，古人或许也被水翁花的香气吸引，所以就如制作其他花茶一样，于盛夏季节采下花蕾晒干，入茶入药。在两广地区鼎鼎有名的廿四味凉茶中，就有以水翁花为原料制成的品类。广州市花都区花东镇狮前村的世间香境七溪地，茶客们取水翁花蕾，按古法制成凉茶，此茶兼具药香、花香和茶香，别有风味。古人有诗《摘水翁花》云：

千枝花蕾特殊香，于树高高梢顶扬。

可摘星星兼北月，无生果果烤东阳。

跃跳猴子攀枝梗，静止松狸卧叶芒。

一药良强医感冒，三煎煲滚病呈祥。

岸边水面悠然水翁倒影，食药兼具花香沁人心脾。广州市目前有85株水翁古树，其中有58株生长在增城，可见增城不仅是荔枝之都，也是水翁之乡。人们喜爱水翁，自然热爱守护，水翁承载幸福平安、留住乡愁的精神寄托。

◎石门北愚街水翁树

世代守护幸福平安 —— 石门北愚街水翁树

在广州市白云区石门街道北愚街74号前,有1株124岁的三级水翁古树,编号为44011101900600105,高近10米,胸径约117厘米,东西冠幅达11米,南北冠幅达12米。据村中老人讲述,此树是祖辈种植的,如今已经历五代人光阴。这株大名鼎鼎的水翁古树前方有刻写"水玄神君"的祭碑,百年来村中族人对该树爱护有加,虽历经风霜,至今长势旺盛,树大荫浓,是人们祈求风调雨顺、家庭平安的许愿树。在村民看来,这株古树具有"独木成林""母子世代同根"的特性,代表各族大家庭"同根生"的寓意,也是凝聚村庄团结共进、携手走向幸福路的精神符号。

世事变迁留住乡愁 ——
炭步骆村水翁树

在广州市花都区炭步镇骆村一池塘边，环绕着3株编号分别为44011410722400207、44011410722400208和44011410722400212的三级水翁古树。这些古树已逾百年，最大的一株树龄165年，胸径达123厘米，高13米。据村民介绍，这几株水翁很早就出现在池塘边。近年来，村容村貌大改造，为确保水翁健康生长，该村专门重新规划了池塘。在村民看来，这些水翁树不仅是绿化用树，更是村的一部分，是让村民们"记得住乡愁"的植物。赏花品香、采花煮茶是许多人对乡愁的记忆，而静静守候在水边的水翁，更是寄托着人们对家乡无法割舍的情感。

（本文作者：王鹏翱　王瑞江　刘志伟）

◎花都区炭步镇骆村水翁树

209

二十八 朴树

芃芃棫朴

朴树（*Celtis sinensis* Pers.），因树形美观、生命力强，常植在闹市之中。朴树是榆科朴属植物，落叶乔木，高可达20米。树皮平滑，灰色。一年生枝被密毛。叶互生，革质，宽卵形至狭卵形。花杂性，两性花和单性花同株，1~3朵生于当年新枝的叶腋。核果单生或两个并生，近球形，熟时红褐色。花期在3~4月，果期9~10月。朴树分布于中国的淮河流域、秦岭以南至华南各省区、长江中下游和以南诸省（区）以及台湾地区，在越南、老挝等国家也有所分布，多生长于海拔100~1500米的路旁、山坡、林缘处。

姿态古朴　鸟树相依

朴树树体高大雄伟，树冠圆满宽广，树姿古朴，枝叶青翠，夏季树荫浓郁，冬季枝干苍劲。因朴树绿化成效快，移栽成活率高，造价低，是优良的庭荫树、行道树以及配景树。其对二氧化硫、氯气等有毒气体抗性强，也可选作厂矿等污染区的绿化及防风树种。朴树枝条柔韧、萌芽力强，伤口愈合快，还是优良的盆景材料。

朴树也是诱鸟植物，果实成熟后颜色红艳，是众多鸟类栖息和觅食的佳所。在朴树种植林区内，常能见到枝叶繁茂、林荫浓郁的树丛中，鸟树相依、俊鸟飞翔的自然和谐景象。

前榉后朴　　遥寄相思

《诗经·大雅·棫朴》云："芃芃棫朴，薪之槱之。"最早的朴树之名就源于此处，这是赞赏周文王用人有方，贤人众多，就像棫朴一样茂盛繁多。可见朴树在我国生长历史十分悠久，至少有3000年。古代有一个成语：前榉后朴，其典故来自谐音"前举后仆"。榉树象征中举，朴树象征家有仆人，是古时人们希望家里人能高中举人，当官后有仆人跟随的象征。该典故后来被应用到古典园林设计之中，多应用于南派传统园林的形式中。

朴树不仅寓意朴实、顽强，还有不忘故土、长相思的含义。相传在部分地区，人们会在游子离家之时送了一盆朴树，既代表思念之情，也表达对游子们早日归家的期待。因此有些老人们会将朴树称之为朴书、相思树。不少年轻男女相互赠送朴树盆栽，代表对彼此的想念。

朴实无华　　用途广泛

朴树虽没有艳丽的外观，但一身均是宝。其木材可供家具、农具、枕木制作以及建筑等用途；其茎皮纤维强韧，可用于制绳索，亦可作为造纸和人造棉原料。其根、皮、嫩叶入药有消肿止痛、解毒治热的功效，外敷可治水火烫伤。叶片用以制作土农药，可杀红蜘蛛。树皮含淀粉、单宁、豆淄醇、植物醇等化学物质。种子含油量高，可榨油供制肥皂、润滑油。

朴树的嫩叶及果实味甘可食，在中国南方潮汕一带有种民俗食品叫"朴枳粿"。相传明末清初某年清明前夕，战乱侵袭潮州，杀戮掠夺，民不聊生，当地人民被迫逃入山林中避难，采摘朴叶和果实充饥，借以求生。后人为纪念祖先艰辛，便在清明节用朴树叶做成朴枳粿祭拜祖先，沿袭至今，故潮汕有清明食叶的民俗。

古朴有情　人间有爱

位于从化区城郊街道麻三村麻村小学内有一棵树龄约324年的老朴树。据相关资料记载和当地人传述，它是附近唯一一棵经历了抗日战争仍存活至今的老树。为了铭记这段历史，当地政府在此建设麻村小学。另一棵古朴树树龄204年，位于白云区钟车路93号。周边居民常到老朴树下祈愿求福，祈求平安。古朴树经历了岁月的洗礼，见证了历史的变迁，在人们的关爱呵护下，屹立不倒，承载了深远的寓意。

古树名木不仅仅在于寿命长短，更多的在于科研、人文等方面的意义，这两棵朴树成为历史留下的宝贵财富，寄托着美好希望，流传久远。

（本文作者：陈红锋　邓嘉茹）

◎白云区钟车路朴树

二十九 木荷

木上荷花　防火卫士

木荷（*Schima superba* Gardn. et Champ.），又名荷木，山茶科（Theaceae）木荷属常绿大乔木，每到夏日便开满形似荷花的小白花，故称荷木，又叫小叶蚁木。树高可达30米，树皮灰褐色，块状纵裂。5月开出白色或浅黄色芳香花朵，花单生枝顶叶腋或成短总状花序，径约3厘米。10月果熟，果子黄褐色，稍作加工，就成了孩子们玩耍的陀螺玩具。木荷分布于浙江、福建、台湾、江西、湖南、广东、海南、广西、贵州等地。分布区年降水量1200～2000毫米，年平均气温15～22℃。木荷树冠优美，四季葱绿，进入夏季后，簇簇白花如云似雪，延绵不绝。鲜叶含水量高，不易燃烧，有防火作用，南方常用作防火林带。

用途广泛的良木

木荷为深根性树种，对土壤适应性较强，耐瘠薄，少病虫害，在各种酸性红壤、黄壤和黄棕壤中，都能健康生长。木荷人工林凋落物可一定程度上缓解土壤的酸化作用，提高土壤肥力，能够明显改善土壤环境，是涵养水源、保持水土的良好树种。

木荷干形通直，具有早期速生、胸径持续生长的特性，是优质大径材阔叶用材树种。在适宜环境中生长，3～5年生树高可达2～3米，10年生达5～7米；一般20年生，树高可达10米，胸径达30厘米。木荷材质为散孔材，坚硬致密，纹理均匀，少开裂，易加工，是上等工艺用材树种，可用作祠堂梁柱，寓意家庭和睦，也是家私制作的良材。若可以作为木材战略储备林来培育，能产生巨大的经济效益。

除生态防护、绿化美化、木材加工、药用疗效之外，木荷的香化作用也很显著。它的花含丰富蜜腺，芳香四溢，不仅可制作香精油、具有很高经济价值，且有益于人类身体健康，是上佳的森林康养树种。

阻隔山火的嘉木

森林火灾极具毁灭性，而木荷因其"防火"特性备受珍视。它的树叶含水量高达45%，木质坚硬且体内油脂含量极少，最低着火点为280摄氏度，在烈火中不易燃烧，且能在来年恢复生机，萌发新叶。若将木荷按一定比例和形状设计种植在森林中，就仿若建造了一堵天然防火墙，可阻挡熊熊大火，抵御森林火灾。它面对火神，自有一种横刀立马的英雄气概，被人们亲切称为"森林卫士"。早在20世纪50年代末，广东省西江、大坑山等国有林场就开始在防火线和林场周界种植木荷防火林带。随着木荷防火林带的发展，集中连片的森林被逐步割块、封边，形成闭合圈，防范外来林火，森林自身抵御火灾的能力也大大增强。自20世纪50年代至今，这些国有林场很少发生森林火灾。

误传有毒的药木

作为中国植物图谱数据库收录的有毒植物，木荷的毒性分布在茎皮、根皮等部位。浙江民间用其茎皮与草乌共煮，熬汁涂抹箭头，猎杀野兽。很多人误认为木荷有毒，避之不及，更有甚者认为其不适合作为水源林树种，其实这是一种错误认知。浙江省淳安县千岛湖上游乃至湖区林区生长有大量木荷林，千岛湖水澄清，矿物质丰富，在中国所有湖泊中水质最好，无需任何处理，完全符合国家饮用水标准，故被人们称为"天下第一水"。可见"木荷有毒"之说，尚待研究。

木荷有一定药用价值，可作医药用品原料。木荷的树皮、树叶富含鞣质，可用于提取单宁，具有较高抑菌活性和杀虫活性。其茎皮、根皮有大毒，可入药，外敷疗疮、无名肿痛，不可内服。传统医书中描述木荷：性味辛、温，可外用捣敷，治疗疗疮和无名肿毒，具有以毒攻毒的功效。

穿越古今的神木

木荷历史悠久，远在先秦时期就有记载。"木禾"是《山海经》中的"神木"之一，生长于昆仑山。《山海经·海内西经》写道"昆仑之虚，方八百里，高万仞。上有木禾，长五寻，大五围"，这是对其形貌最早的描述。李汝珍在《镜花缘》中所说："登时都至崇林。迎面有株大树，长有五丈，大有五围。"清吴其濬在《植物名实图考·木类·何树》称："何树，江西多有之。材中栋梁……零娄农曰：'何树，巨木也。宫室器具之用，益于民大矣。'"木荷树体高大，树形美观，四季常青，花色清雅，气淡如兰。后人有以"木禾"来形容神圣高洁的品质，又因其花状似荷花，也称荷木，谐音"和睦"。古往今来，木荷用它那高雅的身躯，守护着神州大地。

广州市有木荷古树群落3个、二级古树2株、三级古树49株，主要分布在广州北部和东北部，其中最有名的当属增城区正果镇畲族村的木荷群。

◎增城正果镇古木荷

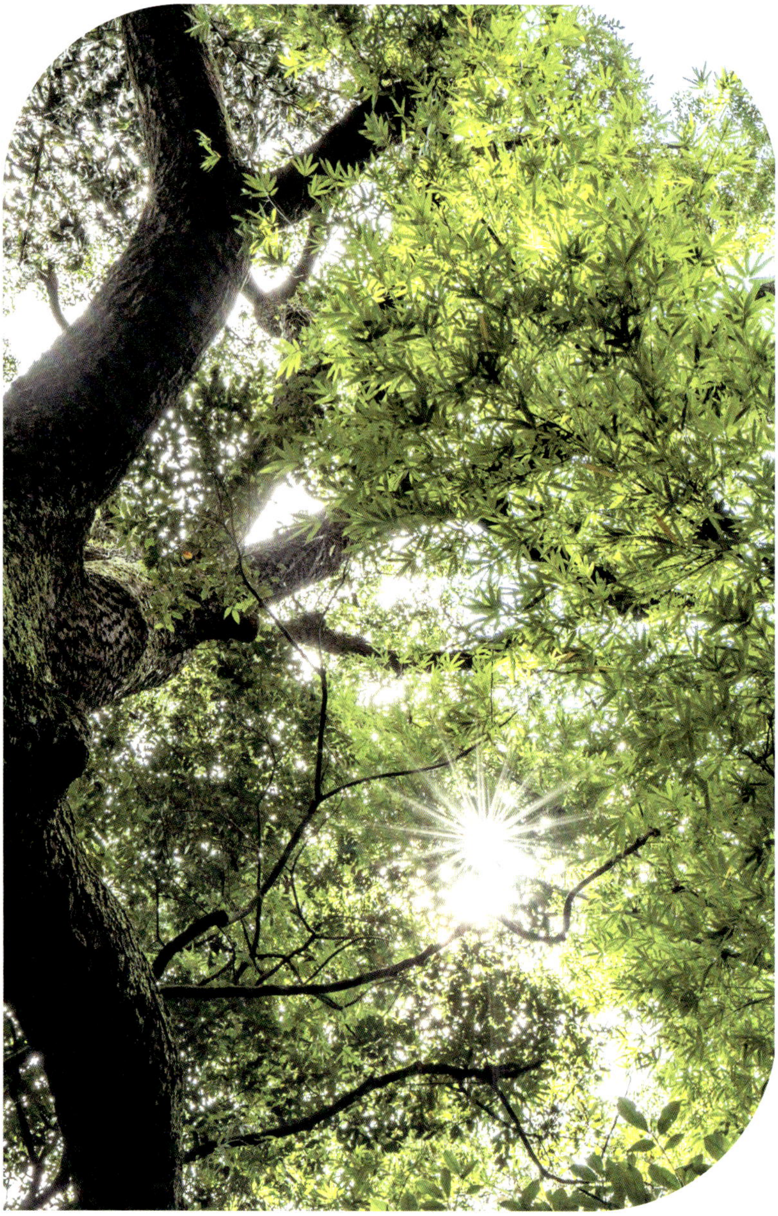

增城正果镇古木荷 —— 世外桃源　百年守候

　　增城正果镇畲族村——广州地区唯一的少数民族聚居村,拥有平均树龄204年、胸径336厘米的木荷群(编号:Q4401830011),其中有7株古树。作为全镇最高的古树名木群,树高达28.8米,颇有木秀于林而风不能摧的气势。

　　相传300多年前,有一个秀才,家人希望他能够考上状元。秀才为了告诫自己努力读书,便在家里后山种了一棵木荷,立志成才。他每天挑灯夜读,陪伴着他的便是后山的木荷。一年又一年,待秀才进京赶考,高中状元回乡之时,木荷已长成健壮的大树,迎接主人凯旋。如今,它已成为全镇最老的木荷树(编号:44018310422501232),树龄348年,被列为二级古树。

从化区长水迳古木荷 —— 百年风霜　战争洗礼

在广州从化区长水迳有2株位于北坡的三级古木荷，1号古木荷（编号：44018400220800020），树高19米，胸围3.27米，平均冠幅14米，树龄194年。2号古木荷（编号：44018400220800021），树高19.6米，胸围3.98米，平均冠幅14.5米，树龄154年。

据村民说古树附近曾是抗日战争根据地，古树历经战争浩劫却依然完好，被视为村的保护神。古树坚守在一方，为村民守护一片安宁。在这方红色的革命热土，红色历史赞歌将一直唱响。

（本文作者：李吉跃　阮桑）

◎从化区长水迳古木荷

◎从化区长水叫古木荷

三十 五月茶

臭树亦瑰宝

五月茶[*Antidesma bunius*(L.) Spreng]别称五味叶，酸味树等，隶属于大戟科（Euphorbiaceae）。五月茶属常绿小乔木，高可达10米。树皮灰褐色，小枝具明显皮孔，叶片革质，有光泽。五月茶为雌雄异株，雄花穗状花序顶生，初绿色，后变红色，雌花总状花序顶生，青绿色；核果近球形或者椭圆形，逐渐由青绿色转红至深紫色；花期3~5月，果期6~11月。生长于海拔200~1500米的山地疏林中，分布于我国江西、福建、湖南、广东、海南、广西、贵州、云南和西藏等地，广布于亚洲热带地区直至澳大利亚昆士兰。

五月茶植株形态优美，生命力极强。其枝丫在树干顶端分散，形成优美的伞状树冠，叶子为狭长形，接近小孩子手掌大小，叶片呈环状分布在枝丫上，花朵一般开在枝丫末梢和叶柄处。五月茶在民间有一个名字——臭臭树，其由来也是顾名思义。

花"臭"果甜的五月茶

初闻五月茶,很多人都以为是一种茶叶。五月茶的叶子确实可以制茶,但它作为一种乔木,其叶子、果实以及根都能入药,是药用功效出色的中药材,在岭南地区村落常有种植。至于"五月茶"一名的来历,民间说法是它在五月长出的新叶比较多,适合做茶,故此得名"五月茶"。与众多植物花开时节芳香怡人不同的是,五月茶盛开时散发着类似尿臊味的特殊臭味,让人唯恐避之不及,因此人们又叫它"臭臭树"。它发出臭味,其实是为了吸引昆虫授粉,一个月花期结束后,臭味也随之消失。

五月茶果实呈卵形,个头很小,一般直径不到1厘米。未成熟时为白色,逐渐长成红色,到完全成熟后变成黑色。每年8、9月份,五月茶结出带有酸味的浆果,大串大串的红果垂落于枝叶间,与苍翠欲滴的树叶相互衬映。五月茶其花虽臭不可闻,但果实却甜美多汁,可直接食用,多用来制作成果酱、果冻和蜜饯等。五月茶嫩叶也可以食用,通常拌沙拉生吃,也可蒸成小菜。

因其果实与五味子很相似,有些地方也将五月茶称为五味子。实际上它与传统中医所说的五味子[*Schisandra chinensis* (Turcz.) Baill.]并不相同,后者是多年生落叶藤本,属木兰科五味子属植物。

民间流传　　功能奇效

五月茶属品类较为丰富，根据个体形态可分为方叶五月茶、多花五月茶、五蕊五月茶、大果五月茶等，根据产地又可分为西南五月茶、海南五月茶、泰北五月茶等。五月茶属药用植物大多具有抗菌消炎、生津健脾、活血解毒、解疗疮毒的功效，主治跌打损伤、食少泄泻、热病伤津、痈疮肿毒，还可用于治疗蛇毒。其根、叶和果实富含维生素、硫胺素以及微量元素，具有良好药用价值。

根据《全国中草药汇编》记载，五月茶"收敛，止泻，止咳，生津，行气活血。主治津液缺乏，食欲不振，消化不良。外用治跌打损伤"。《生草药性备要》中写道其"止咳，止渴。洗疮亦可"。《广西药植名录》注："叶：解毒，治恶性梅毒。"由此可知，我国传统医学对五月茶药用功效早有认知。国外有学者发现，五月茶果实中含有大量营养成分，如糖类、蛋白质、维生素、矿物质、花青素、类黄酮等，具有很好的抗氧化作用。虽然五月茶对身体大有裨益，但不宜多食，体质虚弱、肠胃敏感者禁忌食用。

古树名园　　村落相伴

古树书写五月茶的传奇，也印证着它的历史，其"药到病除"的传说，让它在人们爱护中得以延续香火，生生不息。据资料显示，广州市有五月茶古树13株，其中增城区6株，番禺区3株，白云、黄埔、花都、从化区各1株。

◎余荫山房古树

◎余荫山房古树

余荫山房古树 —— 名园易建　古树难求

余荫山房，又称余荫园，为清代举人邬彬私家花园。始建于清同治六年（1867年），历时5年建成，距今已有150多年历史，是广东四大名园之一，位于番禺南村镇。在余荫山房广场长着1棵树龄161年的五月茶（编号：44011310200100026），为建园时所植，树高9米，胸径1.9米，树形优美，树冠集中向上生长，树木整体形如蘑菇，守卫着岭南名园，也为余荫山房的砖雕、木雕、灰雕、石雕等四大雕刻作品增添了色彩。

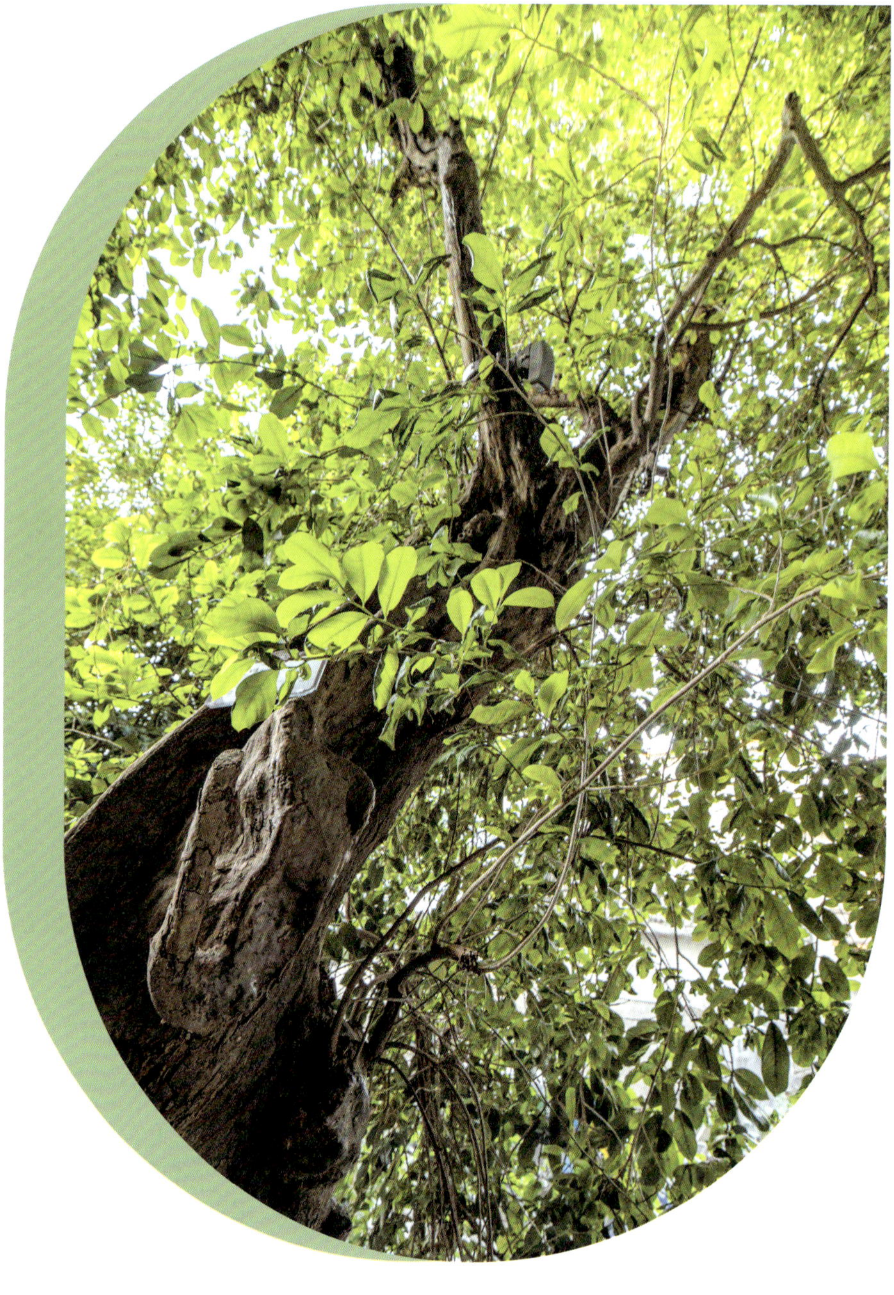

深井村古树 —— 相伴村落　承载乡愁

追随古五月茶的脚印，来到处处有"古仔"（故事）的深井村。在圣堂山公园内，有1棵树龄165年的五月茶（编号：44011201000400041），树高15米，胸径56厘米。村民们在树下乘凉，喝井水、吃西瓜，听老人讲述深井村的"古仔"。深井村是一个有着700多年历史的古村，原名"金鼎村"，位于广州长洲岛西南部，陆地面积为2.635平方公里，因村内水井普遍较深，后来人们干脆称它为"深井村"。古村古树下讲"古仔"，留住乡村记忆，保护历史遗存，守住文化根脉。

（本文作者：李吉跃　贺漫媚）

◎圣堂山公园五月茶

三十一 海红豆

南国红豆寄相思

> 海红豆（*Adenanthera microsperma* Teijsmann & Binnendijk），豆科含羞草亚科海红豆属落叶乔木，又名小籽红豆、孔雀豆。其拉丁名中的种加词 *microsperma*，意为小种子。4~7月花期，树上缀满一簇簇淡黄色小花，单生于叶腋的是总状花序，而在枝顶的则排成圆锥花序，甚是巧妙。花虽小，却有淡淡的香味，从树下走过，一阵幽香袭来，沁人心脾。8~10月进入果期，荚果开裂后展露出状如糖衣片般的种子，殷红而光亮，正如海红豆的寓意：用一颗真诚炽热的心来回馈花儿的绽放。其树形高大，花儿艳丽，种子色泽鲜红，十分美观，可广泛用于园林绿化种植。

浑身都是宝　用途亦多样

广州市黄埔区南海神庙，是中国四大海神庙中唯一保存下来的、规模最大、最完整的海神庙。拥有1400多年历史的南海神庙，庭院中古树名木成群，一年四季郁郁葱葱。南海神庙树龄最大的树，是陪伴在浴日亭旁的一棵300余年树龄的相思树——海红豆（编号：44011200700200114），为国家二级古树。树形美观大方，高大挺拔，至今每年结果。

海红豆具有极高观赏价值及经济价值。种子制成的工艺品多用于赏玩与珍藏。海红豆心材暗褐色，质地坚硬，古时候人们用来造船，如今仍有一些观赏船由其制成；边材微红淡黄色，具有流畅纹理，可制家具。

海红豆多个部位具有药用价值。其根有催吐、泻下的作用，主治面部黑斑、花斑癣、头面游风、痤疮、皶鼻等；叶有收敛作用，可用于止泻；种子在细细研磨之后涂抹有疏风清热、燥湿止痒、润肤养颜等作用。但海红豆有微毒，不宜过量使用。

波罗诞相思　　同名乃异物

南方是红豆的故乡，从古至今，红豆寄托了爱情与相思之意。"红豆生南国，春来发几枝。愿君多采撷，此物最相思。"可见人们对红豆怀有特殊情感，但王维诗中红豆究竟是哪种植物呢？历来说法不一。20世纪90年代，张安祖综合唐代李匡乂《资暇集》、宋代王谠《唐语林》、明代李时珍《本草纲目》，以及现代汉语工具书《辞海》，对唐代所指"红豆"是现代哪种植物进行讨论。《资暇集》最早明确指出：举世呼为相思子，即红豆之异名也。《资暇集》和《唐语林》中描述的"相思子"为同一种植物，且《唐语林》中的描述更加准确，语意更加精准。张安祖根据《辞海》中海红豆花形态的描述，结合《唐语林》及《资暇集》中相思子花形态的描述相近这一依据，推测王维诗中"红豆"最有可能就是现今的海红豆。

海红豆外壳坚硬，长久不蛀，种子呈阔卵形至扁椭圆形，腹线具棱，从平面上看它略微呈心形，十分可爱，象征着永恒的爱情。南海神庙又称波罗庙，是古代皇帝祭海的场所。每逢"波罗诞"，恰是海红豆果实成熟落地之际，逛庙会的年轻男女纷纷捡拾这"相思"之物，做成手串等饰品送给心上人，祈求有情人终成眷属。

苍翠又挺拔　　古树护神庙

南海神庙浴日亭西侧的海红豆曾在见证历史长河的过程中，因酷暑而自燃，最终被烧毁。现存亭东侧的海红豆高达15米，平均冠幅16.5米，胸径3.62米，3个成年人才能完整环抱。它长在浴日亭山坡上，走近时，便可见其枝干往路边探出头来。风吹起籁籁绿叶，留下树影婆娑，与旁边的石像缠绕，自成一处佳景。它是中国古代对外贸易（广州是海上丝绸之路的始发地）的一处重要史迹，见证了清朝的盛衰兴败和中华人民共和国成立后的蓬勃发展，如今生命力依旧旺盛，顽强挺立在浴日亭东侧，就像是守卫的士兵，英姿飒爽，精神抖擞。

为了更好地保护古树，海红豆周边加装了护栏。植物与人类的生存环境休戚与共，也是人类情感的寄托。海红豆寄托着古往今来无数人的相思之情，见证了众多美好的爱情，呵护着人类的情感需求，人类也保护着海红豆的生长。

古树与古庙相依，成就了一道道亮丽的风景线，共同见证着海上丝绸之路由古及今的繁荣。愿海红豆在多方共同保护下，神采奕然，缀簇簇黄花，结累累硕果，落颗颗红豆。

（本文作者：陈红锋　唐立鸿　阮桑）

◎海红豆

三十二 斜叶榕

石壁攀榕映海幢

> 斜叶榕[*Ficus tinctoria* subsp. gibbosa（Bl.）Corner]，别名石壁榕、水榕、半边刀、涩仔树，雌雄异株，隶属于桑科榕属，小乔木，幼时多附生，树皮微粗糙。叶薄革质，变异大，卵状椭圆形或近菱形，两侧不对称。榕果球形或球状梨形，直径约10毫米，基部收缩成柄，花果期冬季至翌年6月。分布于中国、泰国、缅甸等国家，在中国分布于台湾、福建、海南、广东、广西、贵州、云南和西藏东南部。通常生于山谷湿润的林中或旷地、水旁，喜光、耐半阴，耐干旱和水湿。树皮和树叶均可入药。树皮味苦性寒，具有清热利湿、解毒功效。树叶味苦涩性平，有祛痰止咳、活血通络的功效。

叶形奇特 树姿多变

斜叶榕因叶片中脉与叶柄倾斜一定的角度，中脉两侧叶块极不对称，其中一侧叶块形状如刀，故名"斜叶榕""半边刀"；又因其树叶终年青绿而称为"春不落"；凭借强大根系，在石缝、墙壁能生长自如，又得名"石壁榕"。斜叶榕是热带地区造成"绞杀"现象最普遍的半附生植物之一，经历附生、半附生和独立乔木生长阶段，生境从林冠转变为陆地，生长基质从林冠腐殖质转换为土壤，最终将寄主树绞杀致死而形成树体中空，使得其树姿多变。斜叶榕叶形奇特，干粗，多分枝，叶密，树姿富有自然野趣，适应力强，终年翠绿，常用于园林绿化和制作盆景。

大树郁然　肆意横垂

海幢寺用地原址是南汉时的千秋寺，建于南汉时期，后废为民居。至明代末年，富绅郭龙岳得到该地，将其建成一处私家园林，名为"福场园"。后有光半、池月二位法师向郭氏募得此园，兴建佛堂，重造寺院，并依《华严经》经文中"海幢比丘潜心修习般若波罗蜜多法门成佛"之意，以海幢比丘的名字，取名"海幢寺"。400多年来的世事变迁，所幸古树参天、浓荫覆地的幽美园景没有改变，寺中这株最老的斜叶榕也得以保存至今。位于大雄宝殿后侧的斜叶榕古树植于1585年，树龄438年，树高10余米，胸围6.2米，平均冠幅15米，为广州市在册二级古树。叶形奇特，分枝繁多，无数气生根紧贴树干而下，形成5人方能合抱的基干，树姿粗犷苍劲，气势浑然，为寺院增添奇景，充分展示了古榕"大树郁然而横垂"的雄姿。因其为寺中树龄最大的树，人们视为"树神"。

残而不凋　催人奋发

　　20年前的两场台风，吹断了被白蚁蛀蚀至空心的斜叶榕主干，只留有2米多高的树墩，但古榕未因被摧残而凋亡，它顽强不息，蓄势萌发，努力向上。历经6年萌发新芽缓慢生长至开枝散叶正常生长，又经14年旺盛生长，如今冠盖浓密，枝繁叶茂，根系四散如网，展现着斜叶榕"穿石攀墙根如网，枝繁叶密春不落"的特性。目前，斜叶榕以树高10.3米、冠荫200多平方米，树围6米多的老树新姿扎根于古刹名园之中，展现了生命不息、生长不竭的"榕树精神"。

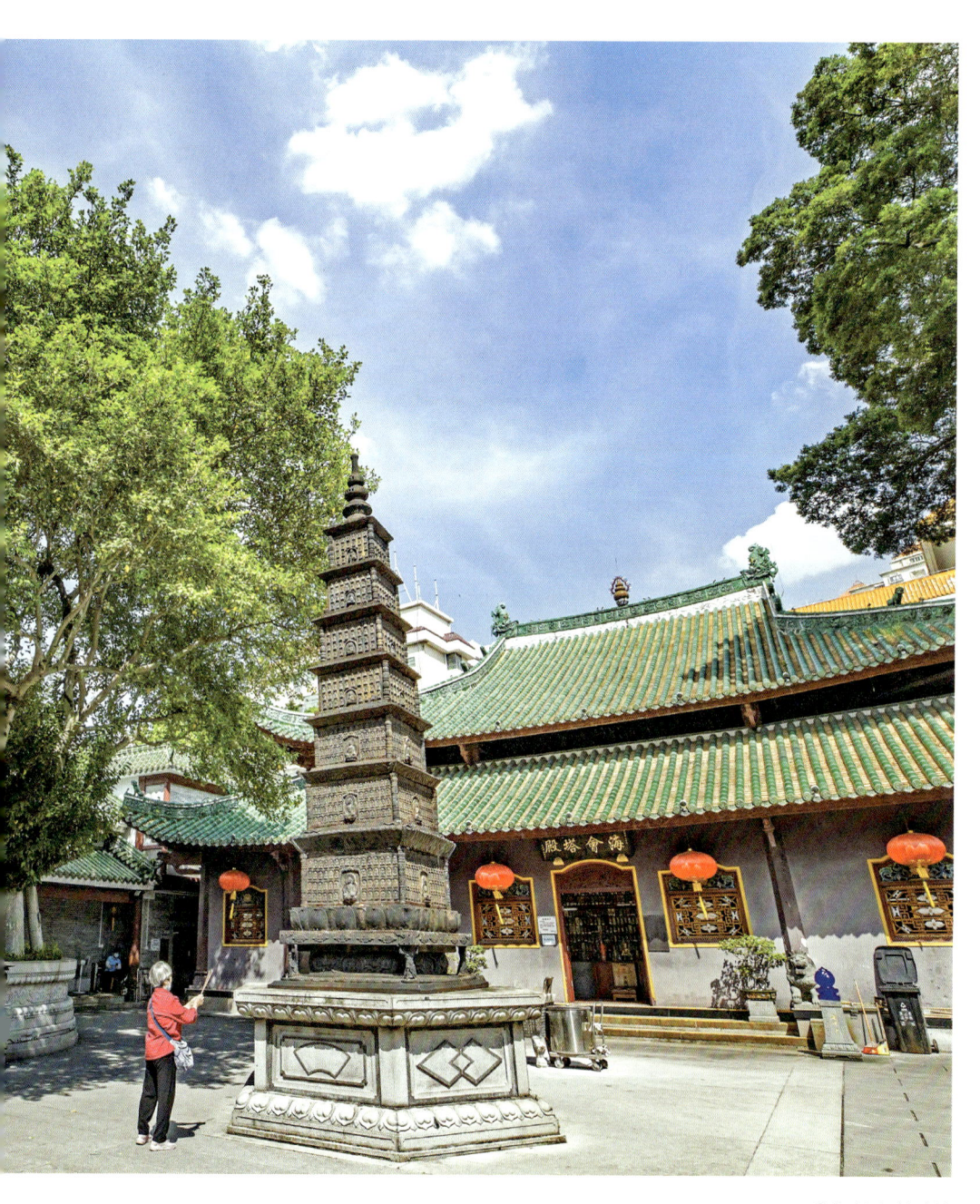

◎海幢寺斜叶榕

◎海幢寺斜叶榕

重生尤珍贵　　呵护保周全

斜叶榕是寺中最老的古树，重创后亦恢复勃勃生机，尤显珍贵。人们高度重视其保护工作，针对古榕树体偏斜问题，采用5根大水泥柱支撑加固树干，对树洞进行修补，在树周边安装围栏以减少人为干扰。除了日常养护外，每年都有专业技术人员对古树进行病虫害防治，实施土壤改良，利用树木雷达等仪器对树身进行"全方位体检"，以保护古榕健康生长。

（本文作者：胡彩颜　熊咏梅）

三十三 青梅

雨林脊梁穗成荫

> 青梅树皮呈青灰色，又称青皮。叶长圆形至长圆状披针形，网脉明显，两面均突起。聚伞圆锥花序顶生或腋生，花瓣白色，有时为淡黄色或淡红色，气味芳香。果实近球形，直径8毫米，具两长三短由萼片增大的翅。花期5~6月，果期8~9月。青梅树喜光，喜温暖湿润气候，对土壤要求不高，但对钾肥需求量大，在背风向阳、温暖湿润、排水良好且肥沃的沙壤土上生长最好，生长环境主要为海拔700米以下的丘陵、坡地林。我国南方地区多处有引种栽培，越南、泰国、菲律宾、印度尼西亚等国也有分布。

别具特色　繁盛成景

说起青梅，广州人最熟悉的莫过于香雪公园梅花盛开后所结的果实，常用它泡酒腌渍，烹饪酸梅鹅等具地方特色的美味佳肴。历史上的"青梅煮酒论英雄""望梅止渴""青梅竹马"等故事人们耳熟能详，这些生活中的"青梅"，是指蔷薇科杏属植物——梅（Armeniaca mume）的青梅品种群所结果实。

而植物学中所说的"青梅（*Vatica mangachapoi* Blanco）"，是龙脑香科青梅属常绿乔木。二者最大区别在于龙脑香科青梅果实虽然和蔷薇科果梅相似，然而却带有"翅"，在植物学上指的是果实被增大的翅状花萼裂片包围。华南国家植物园名人植树区中的青梅，就是珍贵的龙脑香科青梅属植物。

在华南国家植物园名人植树区，有2株青梅树（编号：44010601700100007、44010601700100008），为1965年1月24日朱德委员长和国家副主席董必武同志手植，生长繁茂，年年开花结果，昭示着国家领导人践行植树造林利国利民的情怀。赏树思贤，缅怀革命先辈丰功伟绩，继往开来，筑牢生态文明理念，走绿色发展道路。

华南国家植物园的2株青梅植于开阔地，阳光充足，得天独厚，故而枝叶繁茂，花果繁盛。初夏开花时，聚伞圆锥花序缀满枝头，白色花瓣长匙形，一树雅花，散发出清香；着果时，果实繁多，宿存的花萼裂片增大，紫红色，其中有两枚特别长，长翅在果实下落时起到类似于"降落伞"的作用，种子因此可借助风力扩散至较远的位置。有孩子描述，"看见那两枚特别长的萼片，像是兔子的耳朵倒挂在枝叶间"。果熟时，果实随风吹萼片旋转飞舞散落，煞是壮观。每年开花结果期，青梅吸引大批游人驻足观赏，植物爱好者和摄影爱好者争相拍摄，成为华南植物园名人植树区的一大美景。

家族显贵　　龙脑英才

龙脑香科（Dipterocarpaceae）植物是亚洲热带雨林的特征树种和建群种，也是东南亚低地湿性雨林的优势植物，其所含白色芳香树脂凝结形成近似白色的结晶体，就是高级香料"龙脑香"。龙脑最早有记载于南北朝，古代谓之"龙脑"，以示其珍贵。龙脑香与沉香、檀香、麝香并称为四大香中圣品，也是密宗五香之一。天然龙脑香质地纯净，不仅香气浓郁，而且焚香时烟气甚小，是佛事用香中的高级香料。隋唐期间，出产龙脑的波斯、大食等国从海上丝绸之路把龙脑香带到中国朝贡给皇帝。《唐本草》载："产于婆律国，树形似杉木，子似豆蔻，皮有指甲样硬壳。婆律膏是树根下清脂，龙脑是树根中干脂，入口味道辛香。"传说杨贵妃用龙脑香熏衣，其香气能达十余步远，故有黄滔《马嵬二首》中"龙脑移香风辇留，可能千古永悠悠"的诗句。

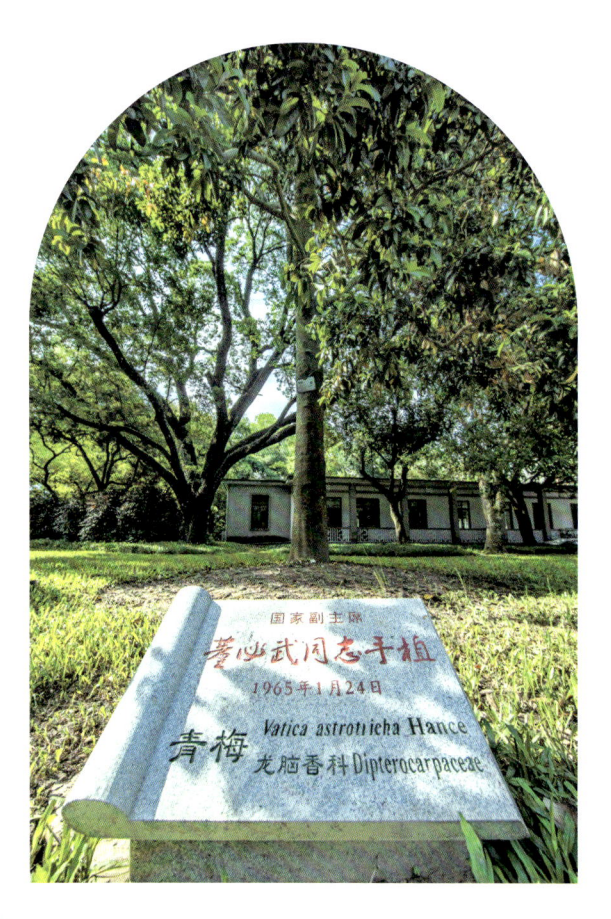

◎董必武手植青梅树

龙脑香也是名贵中药材，中药名为"冰片"。因极具透皮功能，归类于芳香开窍药材。"冰片"二字，最早出现在明代陈嘉谟《本草蒙筌》中，之后冰片逐渐取代龙脑香作为中药名，沿用至今。现今常用的风湿止痛膏贴之类药物均含冰片。龙脑香作为天然冰片，极其珍贵，晶体色如冰雪、状如云母，味清香，而人工合成冰片有刺鼻的樟脑味。复方丹参滴丸、速效救心丸等60余种名方成药都以天然冰片为主要成分。龙脑香还可用于饮食，古代宫廷御宴就有燕窝配龙脑的"会燕"。宋代之前，人们就在制茶饼和茶叶时掺入龙脑，做成"香茶""龙脑茶"。

青梅开花和结果量大，花雅而香，果带有紫红色膨大萼片，如翅如花，奇特而美丽，加之树形高大挺拔，是很好的园林观赏树种。其主要价值在于它的木材心材比较大，材质坚硬，有"世界硬木材"之称，耐腐、耐湿，用途近似国家一级保护植物坡垒，为优良的渔轮、桥梁用材。木材纹理细致，可用于制作高档家具；纺织方面可以做木梭；工业方面可以制尺、三脚架、枪托以及其他美术工艺品等。

珍稀濒危　　国家保护

　　我国原产龙脑香科植物有5属13种，包括世界上长得最高的巨型树种望天树。青梅是中国植物红皮书中确定的、中国龙脑香科植物受保护的三级保护种类之一。20世纪50～60年代，海南大面积种植橡胶、荔枝等经济林，以及香蕉、菠萝等作物，致使青梅等树种的生境受到破坏，加之青梅为当地人所喜爱的优质建筑用材，盗伐严重，造成其种群数量和规模急剧减少，支离破碎，仅残存于河谷陡坡、悬崖绝壁等非农作区及保护区树林中，成了珍稀濒危树种。目前海南尖峰岭和万宁市石梅湾已建立保护区，用人工促进天然林更新，加速青梅林恢复。中国的青梅属有两个种，广西青梅（*Vatica guangxiensis* X. L. Mo），是青梅的另一个兄弟，分布于广西那坡和云南麻栗坡海拔500米左右的沟谷雨林中，现仅存65株，生境受严重破坏，为极小种群，被列为国家一级保护植物。

◎华南国家植物园青梅树

根据中国珍稀濒危植物信息系统评估信息显示，青梅不仅经济价值高，对研究我国热带植物区系更是具有一定的科学价值。建设人与自然和谐共生的美丽中国，保护植物无疑是重要的基础一环。为最大限度地保护古树名木，进一步筑牢生态屏障，我市各地对现已发现的古树均建立了纸质档案，并上线"广东省古树名木信息管理系统"，实现线上线下统一管理，为古树统一挂牌，宣传保护知识，在全社会营造了良好的古树名木保护氛围，不少极度濒危乃至野外灭绝的植物就此扎根落地，有效地实现了生物多样性保护。

（本文作者：胡彩颜　阮桑）

三十四　诗琳通含笑

友谊之树　洁丽之花

> 在华南国家植物园内，有2株泰国公主诗琳通所赠珍稀濒危植物——诗琳通含笑。它们以公主名字命名，有着挺拔的树干、宽阔的树冠，洁白典雅的花朵馥郁芬芳。诗琳通含笑[*Michelia sirindhorniae* (Noot.et Chal.) N.H.Xia et X.H. Zhangj]，原产于泰国，为木兰科常绿大乔木，叶片椭圆形。花单生于近枝顶的叶腋。诗琳通公主赠予我国的诗琳通含笑，象征了中泰两国之间深厚且纯洁的友谊。

名之由来　自有渊源

说起诗琳通含笑名字的来历，不得不提及泰国公主诗琳通。诗琳通公主全名玛哈·扎克里·诗琳通（英文：Maha Chakri Sirindhorn，泰文：**มหาจักรีสิรินธร**），出生于1955年，她非常关心穷苦人，深受泰国人民爱戴。国王宠爱女儿，于是用公主名字将这个濒危树种命名为诗琳通木兰（*Magnolia sirindhorniae* Noot. & Chalermglin）。

看到这里，细心的读者肯定会感到疑惑——为什么诗琳通含笑换了一个名字，叫作"诗琳通木兰"呢？其实，国际上最早普遍使用诗琳通木兰这个名字来称呼该树种，2009年，华南植物园夏念和博士等学者经过认真鉴定，确认诗琳通木兰应归为含笑属，并将其更名为诗琳通含笑。

悉心培育　　终得花开

诗琳通含笑通常生长在湿度极高的淡水沼泽林中，是木兰科植物中唯一一种能在水中生长的树种。但正因此种特殊习性，导致它分布范围狭窄，数量极为稀少，自然繁殖困难。

2003年10月，诗琳通公主访华，向华南植物园赠送并亲手种植了2株"诗琳通木兰"，以此作为见证两国友谊的礼物。它们作为重要的植物资源，为相关科学研究和栽培技术发展提供了植物材料。2009年6月11日，2株诗琳通含笑在经历数年悉心照料后，终于开花了。淡黄色的花朵十分雅致，散发阵阵芳香，低调又脱俗，宛如一位腹有诗书气自华的佳人在掩面含笑。"花开不张口，含羞又低头。拟似玉人笑，深情暗自流。"正是对诗琳通含笑最好的写照。犹如中泰友谊，经历了考验，浓缩了情谊，孕育出美丽之花。"数人世相逢，百年欢笑，能得几回又？"含笑花开不易，能够得到这样一份真挚的情谊，实属难能可贵。

珍木名材　　耐水能手

诗琳通含笑叶片和花朵都有着浓郁的芳香，其叶片挥发油中主要含倍半萜，是医药、食品、化妆品工业的重要原料，因此诗琳通含笑也是提炼植物香精的名贵材料。诗琳通含笑木质优良名贵，以其制作的高档家具或物品在泰国当地被贵族和皇室奉为珍宝。又因具有宽阔树冠、茂密枝叶、白洁花朵以及浓郁芳香，被作为极佳的观赏性树木。

◎诗琳通含笑

地处热带和亚热带区域的华南地区雨季集中，容易造成地面积水，如果排水不畅，城市绿化树木会因长时间浸泡在水中受到影响甚至死亡。因此在华南地区，选择绿化树种时对树木耐水耐湿能力要求较高。诗琳通含笑是木兰科家族中唯一一种可以在水中生长的树种，它具有极其优异的耐水性，能够很好地适应华南地区气候环境。不仅如此，诗琳通含笑同其他含笑属植物相比，还具有更强的释氧固碳能力以及降温增湿能力，具备一定的气候调节功能，是非常优秀的园林树种之一。

孜孜求索　呵护含笑

诗琳通含笑具有非常高的观赏价值与经济价值，但培育繁殖技术尚处在起步阶段。由于对生长环境的特殊要求，诗琳通含笑存在种源单一、种子难以获得以及发芽率低等问题，限制了它的繁殖、培育和推广应用。

目前，国内许多科技工作者正在探索采用种子萌芽、扦插育苗和离体组培等新技术，保育和呵护这一濒危树种。随着诗琳通含笑的繁殖和培育技术日趋成熟，其种子萌芽率已由原来的20%提高到50%以上，离体培养体系也取得突破性进展。相信在不久的将来，我们可以在郁郁葱葱的行道树丛之中，在绿意盎然的公园中，欣赏到诗琳通含笑优雅洁丽的花朵，嗅探到沁人芬芳。

（本文作者：陈红锋　李铤）

◎诗琳通含笑

三十五 铁刀木

生长最快的红木

说起红木，浮现在大家脑海中的画面一定是高端、大气、上档次的名贵家具。众所周知，名贵家具用材通常因生长缓慢、材质坚硬、生长周期在几百年以上而显其珍贵。很多人以为红木是一种树木，其实它是一个总称。在国标《红木》（GB/T 18107-2017）中，规定5属8类29种木材种类为红木，铁刀木名列其中。

铁刀木[*Senna siamea*（Lamarck）H. S. Irwin & Barneby]，豆科决明属常绿乔木，别名泰国山扁豆、孟买黑檀、孟买蔷薇木、黑心树（云南）、暹（xiān）罗槐、暹罗决明，是鸡翅木类红木，树高可达20米。荚果，有种子10~20粒。花期10~11月，果期12月至翌年1月。因材质坚硬刀斧难入而得名"铁刀木"。民间流行"千年紫檀，百年酸枝"之说，说明了红木成材时间长，而铁刀木是生长最快的红木。它不仅生长快，还耐热、耐旱、耐湿、耐瘠、耐碱，且抗污染、易移植。除云南有野生外，南方各省区均有栽培，印度、缅甸、泰国等国也有分布。

铁刀木不耐寒，在有霜冻地区不能正常生长，属喜光树种，但也耐一定庇荫，能在石灰性土壤、红壤等林地生长。铁刀木生长快，纯林主干通直度较差，易形成多主干现象，宜培育混交林。病虫害少，抗烟性、抗风力均好。树冠整齐宽广，花色鲜艳且花期长，极具观赏价值。可作为景观树、庭园绿荫树、行道树、水土保持防护林，是热带地区优良防护林和环境保护树种。

薪"火"相传　家喻户晓

　　铁刀木原产地在海拔1300米以下的丘陵、河谷、平坝常绿阔叶树林中。我国引种栽培铁刀木已有400多年历史。在云南南部海拔1100米以下地区能正常生长，在海拔950米以下地区分布较普遍。云南是我国少数民族最多的省份，傣族是其中很重要的一个少数民族，西双版纳也被设为傣族自治州。当地人在婴儿出生、满月或者婚嫁时，都会在村旁种植铁刀木。云南人称铁刀木"黑心树"，这个称谓家喻户晓。相传，"黑心树"是很久以前一个灭绝人性的领主死后忏悔罪恶的化身，人们痛恨这个领主，就在"他"身上千砍万砍，这个传说反映出傣族人民不怕权贵、越挫越勇的精神。

　　西双版纳自然环境很好，究其原因，与傣族人民广种铁刀木作为薪柴，而不去砍伐热带雨林树木不无关系。人们发现铁刀木生长迅速，一年就能长到3米左右，3至5年就可以开花结果，且屡砍屡生，越砍越旺，于是大量种植用作薪柴。铁刀木这种特点无形中保护了当地自然环境和生态环境。

红木薪炭　浑身是宝

黑心树名字听起来别扭，却浑身是宝。在古代，铁刀木是一种非常重要的经济树木。其木质非常坚硬，一般刀斧难以砍断，古人用来制作船底。铁刀木的木心呈黑色，纹理甚美，是制作高档家具优质材料，也常被用来制作乐器，比如泰国人就用铁刀木木材装饰吉他和夏威夷四弦琴。

铁刀木燃烧性能好，易燃且火力旺，在云南大量栽培作薪炭林。铁刀木叶子是某些蝴蝶的食物来源。中国台湾高雄市的"黄蝶翠谷"，就是广种铁刀木而吸引了大量淡黄蝴蝶栖息所形成的自然景观。和大多数坚硬树木成长周期长不同，铁刀木是一种速生树木，成材周期短，用途广泛，因此具有极高经济价值。

◎农讲所番禺学宫门口铁刀木

傣医名药　疗效显著

铁刀木的木材（傣语"更习列"）和叶（傣语"摆习列"）均为傣族传统医药使用药物，为《中华本草》（傣药卷）所收载，其味苦、性寒，具有祛风除湿、消肿止痛、杀虫止痒等功效，《云南省中药材标准》亦收载。国内外学者从铁刀木中分离得到色酮、蒽醌、三萜、甾体和生物碱类等化合物，国外学者还发现铁刀木具有抗焦虑和抗肿瘤活性成分。铁刀木叶可作缓泻剂，而根有驱除肠内寄生虫的效用。在肯尼亚，其浸软的根与其他草药一起用于治疗蛇咬和糖尿病；在科特迪瓦，人们用小剂量水煎根用于治疗心绞痛和疟疾；在缅甸，人们将其叶子以胶囊形式服用，作为泻药和助眠药；在中国，人们喜欢将其叶子和茎煮的汤作为开胃酒，可抗关节炎肿胀。铁刀木幼嫩的果实和树叶可以作为蔬菜食用，食用时候需过水3次以去除毒素。

岭南学府　百年相伴

在广州农讲所番禺学宫门口内东侧，生长着广州市唯一一棵树龄在百年以上的铁刀木（编号：44010401700600187），树高24米，胸径86米，平均冠幅14米，主干二分叉。树形优美，树冠饱满，静静伫立在宏大的古建筑群中，为人们遮阴纳凉，抵御寒风。

农讲所坐落在广州市越秀区中山四路，原来是明代修建的孔庙，清代才更名为番禺学宫，是明清时期岭南地区具有代表性的文庙建筑。明清时期的番禺学宫被称作"岭南第一学府"，只有通过院试成为秀才的人，才有资格进入学宫听课，而县学的老师皆为儒学功底深厚的学者，因此这里是真正的"谈笑有鸿儒，往来无白丁"。1926年，毛泽东同志在此举办第六届农民运动讲习所，这里成为孕育星星之火的革命摇篮。中华人民共和国成立后，政府对番禺学宫进行大规模维修，并开辟为农讲所纪念馆，成为广州市最早建立的革命纪念馆，1961年被国务院列为第一批全国重点文物保护单位，成为岭南文化重地，延续着岭南文脉。而番禺学宫门口内侧的这棵绿叶盖地的铁刀木，在见证一代代文人学子成长的同时，也见证了广州农讲所的历史变迁。

（本文作者：李吉跃　贺漫媚）

◎农讲所番禺学宫门口铁刀木

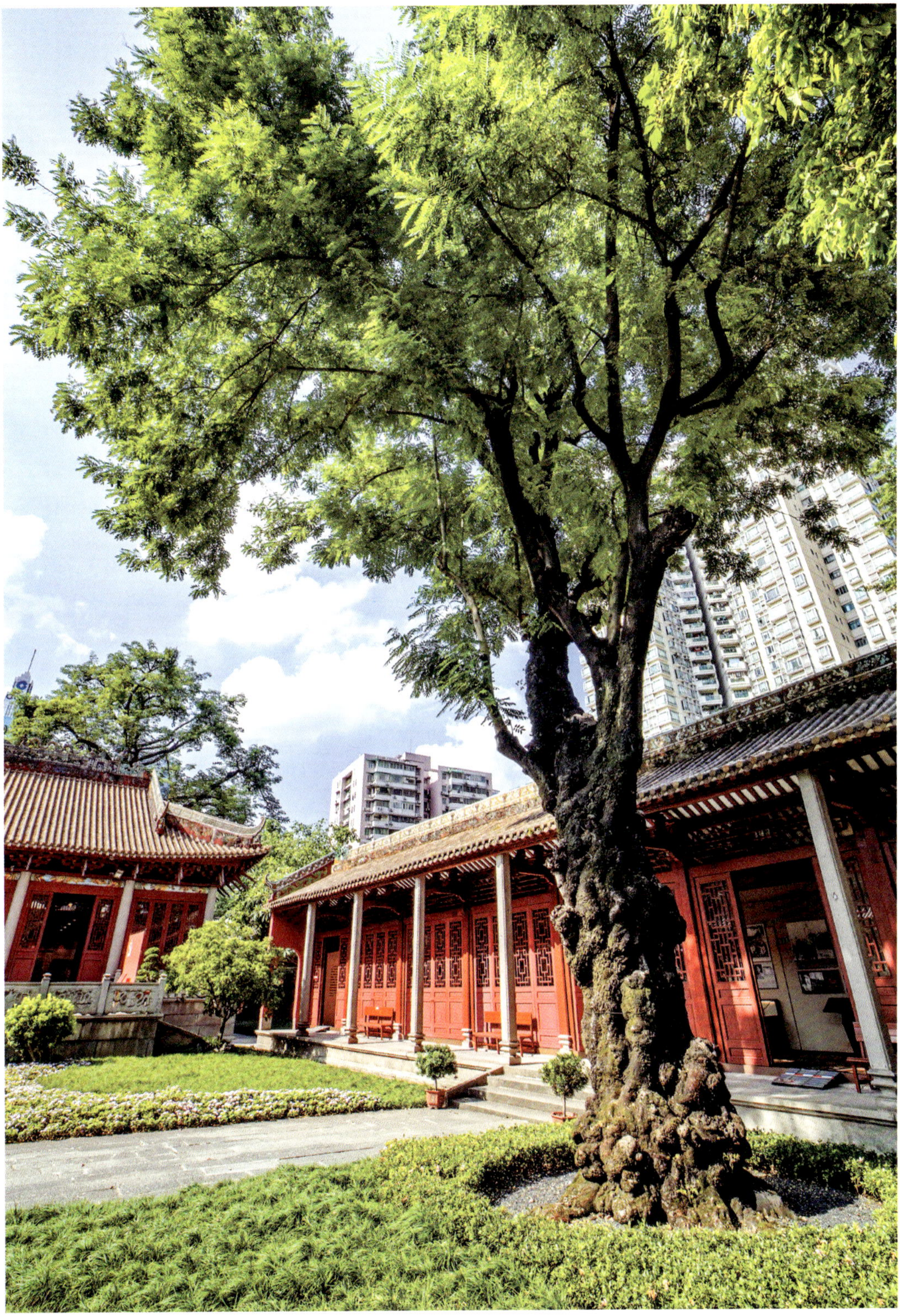

三十六 鹰爪花

先花后寺香绕梁

> 鹰爪花[*Artabotrys hexapetalus*（L.f.）Bhandari]是番荔枝科鹰爪花属攀援灌木，常借钩状的总花梗攀援于他物上，别名五爪兰、鹰爪兰、莺爪、鸡爪兰、鹰爪桃。叶面光滑无毛，花两性，初时淡绿色，后转淡黄色。果呈卵形或纺锤形，数个集生于花托上，花期5~9月，果期5~12月。鹰爪花性喜阳光，也耐荫，不耐寒，喜疏松肥沃土壤，不耐低洼积水。

观赏药用集一身

鹰爪花四季常青，花香雅丽，果实奇特，具有较高观赏价值，适用于花墙、花架、石山等处种植形成景观。其根性苦，寒，有杀虫功效，根部含有的鹰爪甲、乙、丙、丁四素，具有治疗疟疾作用。果实性苦，凉，具有清热解毒功效，用于治疗瘰疬。鲜花中含有0.75%~1%芳香油，可提取高级芳香油，也可提取鹰爪花浸膏作为制高级香水、香精、香皂的香精原料，或供熏茶用。

奇花异木植福地

广州有俗语："未有羊城先有光孝，未有海幢先有鹰爪。"先有鹰爪花，后有海幢寺，是确切的历史事实。

据史料记载，海幢寺内的鹰爪花古树（编号：44010500710100004）植于明代，树龄约415年，树高约4米，历经400多年风雨，枝杈苍劲，终年翠绿，攀旋于六角石柱围栏架上，姿态优美。花期长，几乎终年开花，花形如鹰爪悬垂，奇特而芳香，令人心旷神怡，流连忘返。果实状如橄榄，数十枚相叠成聚合果"攒簇如桃"而得名鹰爪桃，成熟时呈黄色，呈现一派秋实景象。古鹰爪花生机盎然，形美花香，四季有景致，这一优美的园林胜景闻名遐迩，成为寺中一瑰宝，深受宾客赞赏。

但这株鹰爪花来历传说不一。其中之一是明朝时，粤商郭龙岳携资到东南亚一带做生意，好与当地豪商交往。印度一商人欠他千金，他即将回国，也不急于讨回。这名印度商人十分感激，对他说："十分感谢你的深情厚谊，没有责怪我。我看你是有缘之人，愿将祖传佛花送与你以作报答。"说罢，拿出枯木一枝送与他，并赠言："百越乃福地，宜有福人，归而栽之，必有奇效。"郭龙岳回国后，即在自家花园种下枯木。经悉心培植，没多久就萌芽发枝，开花结果。清代吴震方在《岭南杂记》中述："鹰爪兰，其枝蒂如鹰爪，长有花六瓣，两台，他处未见，亦异种也。"从这一记载可知当时当地其他地方未见有此花，故此传说较可信，也符合明代粤地商人在东南亚经商繁盛的历史状况。明末清初，光牟、池月两位僧人向园主郭龙岳募缘得地块建佛堂，在门额上写上"海幢"两字，这就是最初的海幢寺，佛堂就建在这株"佛花"旁边。信众慕名而来观赏，问及花名，大师说："这是远渡重洋从西方古国引来的奇花异草，其形状如鹰爪，就叫鹰爪兰吧。"从此沿用至今。僧人们对鹰爪花悉心呵护，搭起围栏和花架，鹰爪花攀援而上，日益繁茂，渐成胜景。

这株鹰爪花确是奇花异木。奇异之一，其花梗有钩如趾爪，花朵形状如鹰腾飞时张开的脚爪。奇异之二，其花期超长，几乎终年发花，且花香四溢。每年夏季为开花盛期。花朵初绽放时，花瓣厚质呈鲜绿色，香气不明显，渐转黄

◎海幢寺内鹰爪花古树

色时,香气浓烈,气味如同凤梨,花香浓淡总相宜。清王士祯《皇华纪闻》云:"海幢寺鹰爪兰一株,藤本,树干结为一,大至两围,二月发花,花如鹰爪,香较鱼子兰稍浓。寺僧以木作棚架之。荫可数弓,花发终岁不绝。"鹰爪花在以前是常见的贩卖香花之一,许多妇女都喜欢把它簪在发髻中。清朝诗人刘家谋的《海音诗》"夕阳门巷香风送,拣得一篮鹰爪花",说的就是人们捡拾鹰爪花售卖。奇异之三,其生命力旺盛,寿命绵长,现今国内未发现比之更老的鹰爪花,这与它长在珠江河畔温暖湿润、背风向阳的适生环境有关。虽然历经400多年风雨,而今仍然枝叶茂盛,花果繁多。

◎鹰爪花果实

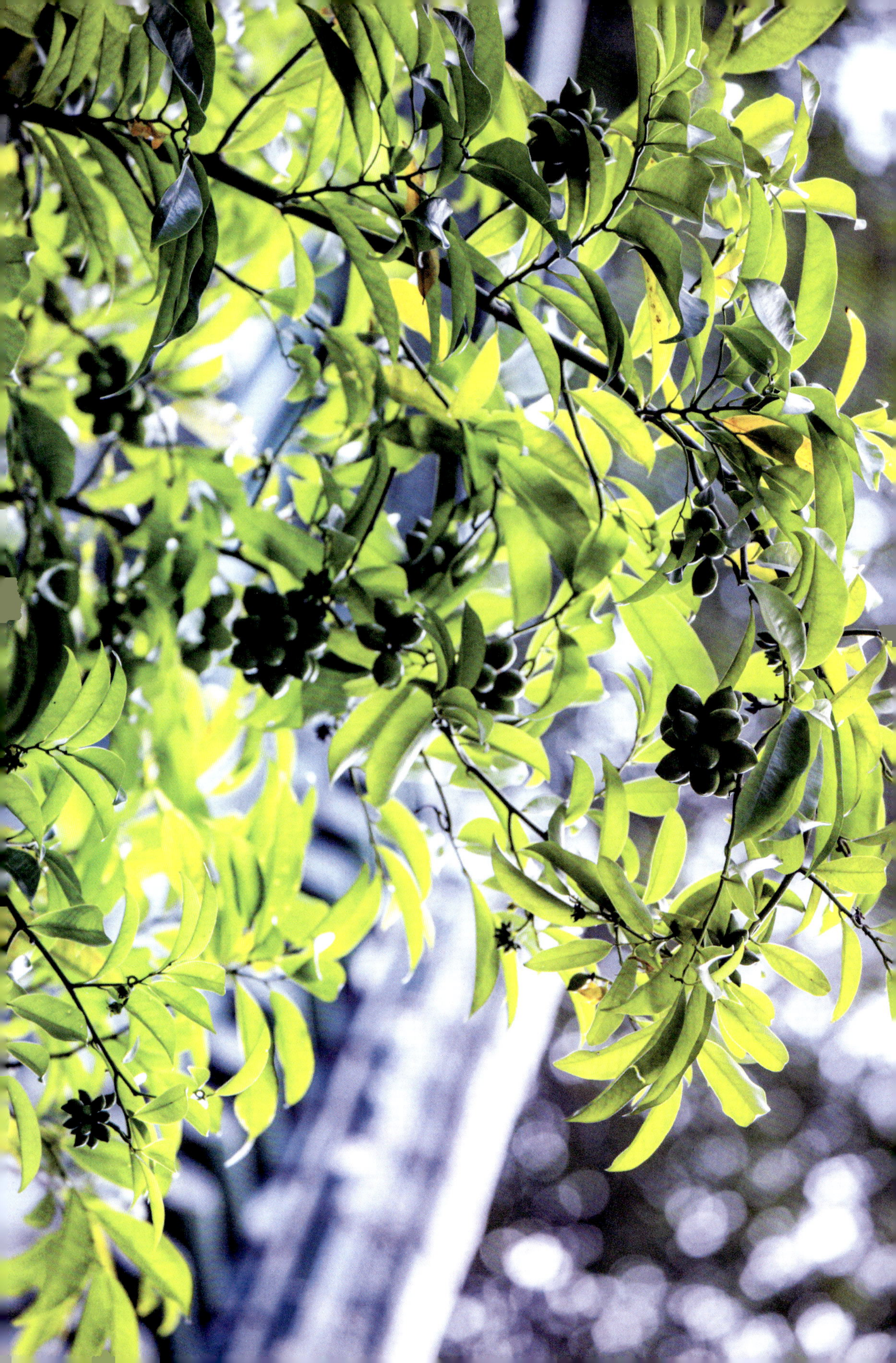

奇树胜景美名传

上了年纪的广州人，无人不知河南有间海幢寺、寺里有棵鹰爪兰，但对其历史传说多是略知一二而已。纵观古今文人墨客，吟咏梅兰菊竹的数不胜数，而咏鹰爪兰的并不多见。"一树婆娑半亩阴，饮香聊足涤烦衿"，颂其浓荫而幽香，为人们提供了树下会友闻香闲聊、消除烦恼的好场所；"半亩驻深莲社月，百年占尽岭南春"，颂其不只繁茂于幽谷之中，也有松树生于石缝而不移的坚毅致远；"与鹯同类本非仁，以爪名花取象新"，颂其虽有猛鹰之名字，但实为"君子"之花木，愿留作仙刹名寺的芳邻，在石柱架上秀风华，逸若仙家。

◎海幢寺内鹰爪花古树

◎海幢寺内鹰爪花古树

闲步海幢寺绿荫中，观高仅盈丈的鹰爪兰，那低调的外形让人以为不过是普通一丛灌木，极易被忽略。而每到春夏之际，人们便可领略到它的魅力所在。淡绿轻黄宛如鹰爪般的花瓣满垂，在清晨与黄昏时分散发出阵阵馥郁，使人流连忘返，顿时忘掉了尘世的种种烦忧。广州女诗人苏些雩为鹰爪花作了一阕《踏莎行》：

古井谁填，灵芋自拱。沉沉叠恨遗芳冢。海幢勒石记当年，当年已付江波涌。

清雅如兰，娉婷若凤。梵音又把斜阳送。拈香怜惜玉蒸黄，教人忘却花千种。

（本文作者：胡彩颜　李铤）

三十七 中华锥

千年古村的守护神

中华锥（*Castanopsis chinensis* Hance）是壳斗科锥属植物，又称锥、中华栲、栲栗，树高可达20米，属中国特有树种，主要分布在广东、广西、贵州西南部以及云南等省区，生长于海拔1500米以下丘陵山地和村旁屋后风水林之中。中华锥是广东南亚热带各地常绿阔叶林的优势种，耐荫性较强，是华南地区非常优良的乡土树种之一，是生态林中常见树种。

中华锥树皮纵裂，片状脱落。叶厚纸质或近革质，披针形。雄穗状花序或圆锥花序。花期5~7月，果于次年9~11月成熟，坚果圆锥形，可食用。成年大树内皮淡红褐色，近于平滑，木材棕黄色，有时其心材色污暗，木射线甚窄，材质较轻，结构略粗，纹理直，是两广地区较常见的用材树种。

中华锥花，有化瘀疗伤、消肿止痛之功，可治心火上炎所致口舌生疮及咽喉肿痛，在民间具有较高的药用价值。

千年古村　百年古树

火村，位于广州黄埔区东区街道，历史底蕴浓厚，最早可追溯到北宋时期，由叶氏建村，取名"果村"。明代洪武年间，钟氏迁入，此后，村子人丁兴旺，日子红红火火，于是改名"火村"。火村选址依山就水，顺应山势，中部地势开阔平坦，以利于排水、通风、排湿，为风水宝地。村里有百年西泉古井、西约庙、南园湛氏夫妇墓、法雨寺、古巷等古迹，承载着火村的历史。

村里古树繁茂，见证了火村祖先迁入、定居、繁衍至今的全过程，见证了村里数位文举、武举产生，见证了子孙后代的兴旺发展。村子里的建筑古迹已略显破旧，古树却保护得较好，百年以上的古树就有8棵，平均树龄达到310年以上。这些百岁老树，陪伴着火村走过漫长的岁月。村庄掩映在绿树浓荫中，恬淡而古朴。

学堂古树　两两相望

　　漫步于火村，来到火村小学。火村小学原是古老火村的风水林，受当地人悉心保护，小学内就有6株超过100年的古树，它们平均年龄达到350多年，最大年纪的是火村"千年树"——樟树，树龄达900多年，其次就是中华锥（编号：44011201300301043），树龄521年，高8米，冠幅约9米。两树均为国家一级古树。中华锥长在学校操场上，离它不远处，就是千年古樟。在火村小学现代建筑的掩映下，它们两两相望，与村庄相映成趣，共存共荣。

◎黄埔区东区街道火村小学中华锥

枯木逢春　　世间稀有

20世纪50年代，钟氏第十代宗祠后面山头的风水林被改造为火村小学，林中绝大部分树木被房屋代替，只有在原钟氏祖墓附近的古樟树和中华锥，以及学校内及周边部分古树得以保存下来。这株中华锥历经岁月洗礼，原主干已枯死，只剩下一截树干，现树干为原树干上长出的新枝，萌生枝已长到30多厘米粗。"老树发新芽，枯木又逢春"，这株中华锥绝处逢生，生命力强大。这种精神鼓舞着村民自强不息，艰苦奋斗，相信希望，相信否极泰来。以古树精神铸刻苦奋斗之魂，勇敢前行，这也是火村得以不断发展壮大、人丁兴旺的原因之一。

依托古树　　因材施教

在火村，古树文化早已在世代传承中生根发芽，保护古树更是成为每个火村村民的使命与担当。500多岁的中华锥虽凭借着自身的生命力不断地生长，但仍需要人们的悉心保护。火村小学依托古树开展了系列科普教育活动。2008年，周顺彬教授把"千年树"与学校的人文教育相结合，引用"十年树木，百年树人"的古训，以古树为鉴，高举自强不息信念，以此栽培下一代新人，把科学文化知识与中华民族优秀传统文化相结合，薪火相传，形成了崭新的教育理念和独特的课程实践，丰富学校特色教育内容。

岁月悠悠，中华锥与其他古树一起，守护着火村，凝望着村庄的万家灯火，见证着村庄家族的世代繁衍。古树与村民和谐共处，沉淀了火村的厚重历史，形成了独特的村庄文化底蕴，为火村的乡风和人文增添了一抹别样的色彩。

（本文作者：蒋庆莲　唐光大　张劲蒿　贺漫媚）

◎黄埔区东区街道火村小学中华锥

三十八　黄埔军校古树群

翠拥黄埔寄深情

广州长洲岛上，近现代中国最著名的军事学校"黄埔军校"巍然耸立，校内古树、大树林立，郁郁葱葱，叙述着"将帅摇篮"背后的革命传奇。人们在游历中找寻时光的痕迹，青砖黛瓦或已不复当年模样，引人唏嘘不已。叹息之际，眼前却突现一片绿意，古树发新枝，一派欣欣向荣之景象，使人顿时忘记了时光与湮灭。百年光阴，化作枝间的阵阵绿意、叶间的丝丝阳光，慢慢地流淌，簌簌地倾泻。

古树下的黄埔军校

黄埔军校旧址位于广州市黄埔区长洲岛，校内有树龄在140~240年不等的古树，种类以细叶榕、高山榕为主。这些古树环抱着黄埔军校旧址，无言地矗立了一个多世纪，见证了一段段波澜壮阔的时光。踱步于黄埔军校旧址，仿佛听到古树向我们讲述过往的故事。

黄埔军校建于1924年，建校时正式名称为"中国国民党陆军军官学校"，因其校址设在广州黄埔岛，所以史称黄埔军校。1924年初出版的《新青年》杂志，刊登了黄埔军校第一期学员招生启事，一时间，黄埔军校创立的消息在进步青年中传播开来，"到黄埔去"成了"新青年"们的口号和目标。怀揣着革命热情的爱国青年，从四面八方来到小小的长洲岛上，他们相信一支有信仰、有政治觉悟、有组织的军队是革命成功的基石。是时，在校本部正门"陆军军官学校"牌匾两旁有一副对联，上联写道"升官发财请往他处"，下联"贪生怕死勿入斯门"，横批"革命者来"。爱国青年都怀着一颗救国救民的热忱之心，不存为己谋私之杂念，义无反顾地投身革命事业，不论党派、出身，皆以反帝反封建为目的。"黄埔三杰"之一的陈赓大将在《陆军军官学校学生详细调查表》"为何要入本校"一栏中写道："锻炼一个有革命精神的军人，来为主义牺牲。"共产党人的革命信仰与坚定意志可见一斑。

　　黄埔军校是孙中山先生在中国共产党和苏联的积极支持和帮助下创办的，是第一次国共合作的产物。作为中国近现代历史上第一所培养革命干部的新型军事政治学校，其影响之深远，作用之巨大，名声之显赫，都是超乎想象的。

青春热血守护信仰

　　在黄埔军校旧址校本部西侧与北侧靠近珠江处，生长着8株树龄在200年左右的古榕树。这些树胸径100~150厘米不等，株高都在10米以上，绿意漾漾，难寻岁月痕迹。在近百年之前，它们注视着那一群热血青年。青年们住在芦席搭成的棚子里，穿着土布衣服、茅草鞋，时常面临断粮风险，没有武器用以训练，却苦中作乐，努力学习，磨砺自我。古树们每天倾听着嘹亮的军号声、雄壮的操练声，感受到青年们的昂扬斗志和满腔热血，感受到他们走出校门、冲向战场的毅然决然。人们看着那些岁月雕刻的课桌板凳，好像也和这

◎黄埔军校古树群

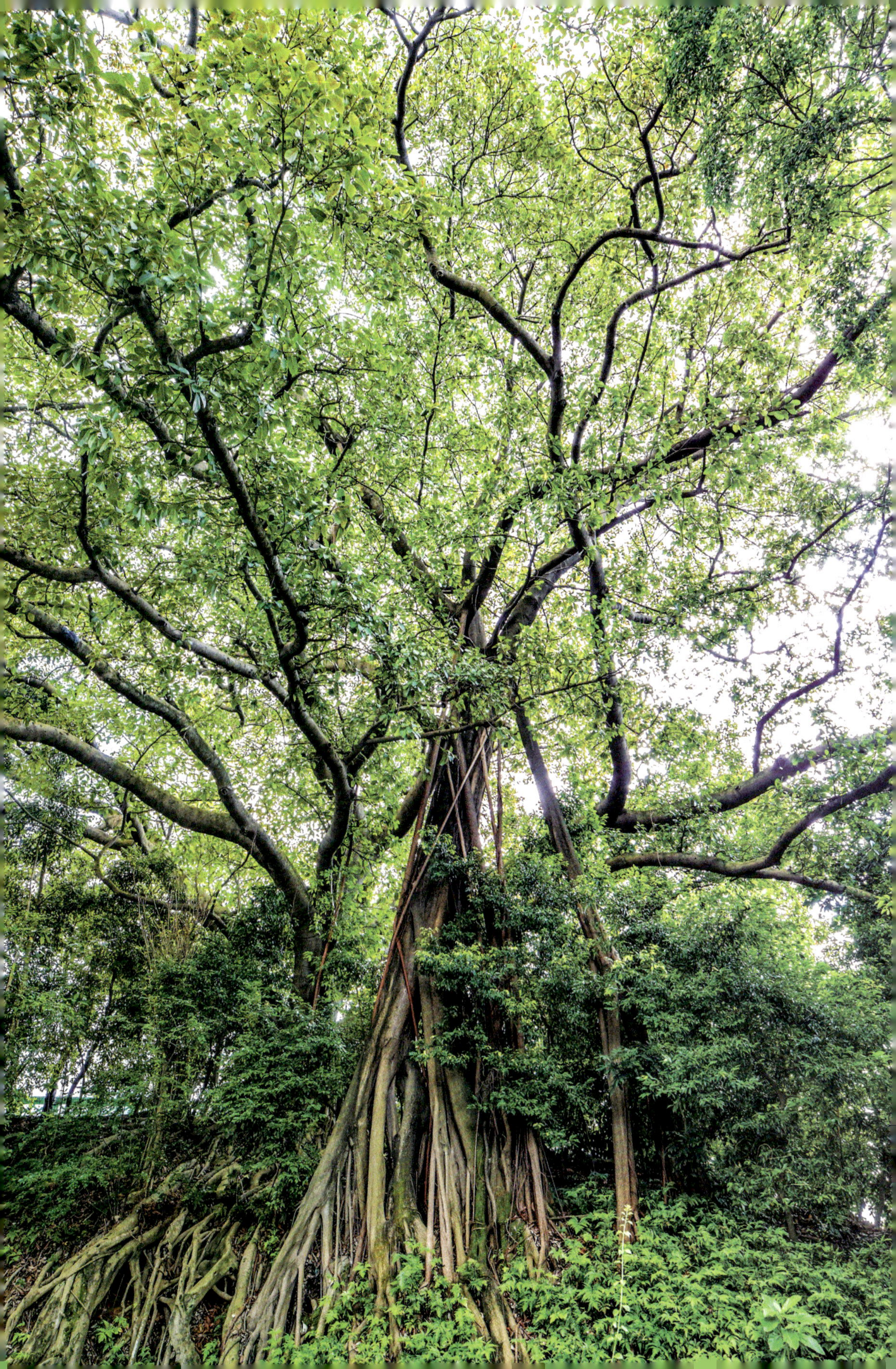

◎黄埔军校大门口两株榕树

些古榕树一起，感受到当年热血青年们胸膛中跳动着的报国之心。这些榕树已经由原来的一株株小树苗，长成可荫蔽一方的参天大树，从黄埔军校走出的学生，也在中国革命史上写下了属于他们的壮丽篇章，他们中有5位成为共和国元帅、3位成为共和国大将、9位成为共和国上将，还有100多位国民党军兵团司令以上将领。1938年，黄埔军校校本部被日军飞机炸毁，大门口2株榕树（编号分别为44011201000300064和4401120100030006）也被炸。现在它们又重新焕发生机，长到12米高、胸径1.5米多，似乎苦难从来就不曾在它们身上发生。它们宛如不屈的中华民族，纵使近代以来经历了沉重苦难，依旧在新时代迸发出青春与活力，为实现中华民族伟大复兴而不懈奋斗。

1925年，为平定广东军阀陈炯明叛乱，黄埔军校学生参加了东征，从此走上了战场，走向了中国革命的舞台。此次东征，黄埔师生共阵亡516人，鲜血和生命是他们为信仰付出的代价。1925年12月修建的东征阵亡烈士纪念坊周边种植了白兰、木棉和榕树。白兰花色纯净洁白，树体通直，象征着和平；木棉树体高大，花开时节满树火红，似烈士的热血炽热；榕树独木成林，树体宽阔，枝繁叶茂，是对烈士英魂的召唤。

1928年，在黄埔军校南面的八卦山上，建立了孙总理

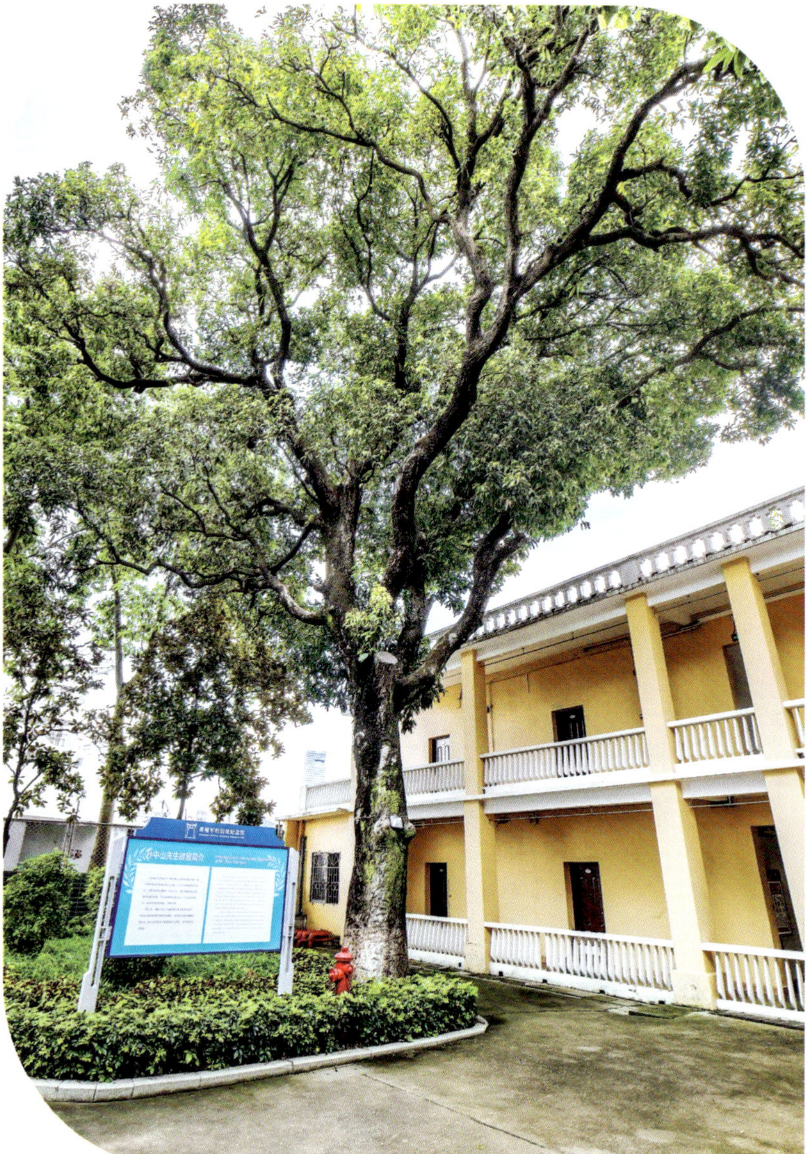

纪念碑。从山脚拾级而上，远远便望见似"文"字的纪念碑和碑顶的孙总理雕像。纪念碑正前方便是1株木棉，编号为44011201000300004，树龄209年，树体通直，高9米，开花之时满树火红，象征孙中山对中国人民热切的爱，以及他天下为公的政治理想。纪念碑四周还有数棵高山榕，树龄均为180年以上，其中1株编号为44011201000300058，胸径达2.2米，已然独树成林了。

在黄埔军校旧址园区里参观，孙总理纪念堂、北伐纪念碑、白鹤岗等景

◎黄埔军校古树群

点，古树环抱，木棉、白兰、杧果、榕树数不胜数。漫步其间，人们好像穿越了时光，和古树们一起感受那些非凡的时刻，听到了热忱的心跳声，听到了黎明到来前黑夜中的呐喊，听到了遥远的一声雄鸡天下白。走在静静的小岛上，这里的一树一木、一瓦一石都因那昔日英烈，变得更加可爱。站在"黄埔军校旧址"的牌匾前，仿佛看见了当年英烈们的雄伟身姿与前仆后继的献身情景。此刻，热血涌动，神随情动。今天的祖国正在日益强大，今日的人民正如他们所希望的那样过着富足而快乐的生活。感谢革命先烈，为此付出了宝贵生命！而我们，也将不断地向前向上！

（本文作者：王鹏翱　李铤　王瑞江）

◎纪念碑四周古树

三十九 沙面古树群

拾翠古树焕新颜

沙面岛树木资源丰富，现有137株在册古树，其中二级古树2株、三级古树135株，树龄从120年至337年不等，共涉及4科、5属、7个树种，经过100多年发展，沙面岛古树已形成了一个巨大的古树生态群落，郁郁葱葱，根深叶茂。其中位于沙面北街广东胜利宾馆大楼门口右侧的樟树，植于1685年，距今已有337年历史，是沙面乃至荔湾区现存最老的一棵古树。广东胜利宾馆前身是19世纪末英国人建造的"维多利亚大酒店"，但相较之下，古樟树历史更为悠久，它见证了广东胜利宾馆的百年繁荣。

中国近代史开端的见证者

沙面原名"拾翠洲"，1859年以前是与六二三路相连的一块沙洲。这里曾是渔民小艇聚居之地。沙面沿海，这座小岛就和"码头"一样，历史上是中国很重要的通商口岸和游览地。1857年10月，英法组成"三人委员会"，控制了广东衙门所有日常工作，并逼迫广东衙门辟沙面为租界。无力抵抗的清政府只好令两广总督劳崇光与英国领事柏克签订《沙面租约的协定》，从那时起，沙面便沦为英法两国的租界。中华人民共和国成立后，沙面重新回到中国人民的手中。1959年周总理视察沙面时，指示要妥善安排、保护旧貌，作为半殖民地历史的见证，可开放为旅游区供游人参观。1996年底，国务院将沙面列为国家级文物保护区。沙面经历了广州近现代的变革，留下了很多伟人足迹，是我国近现代史与租界史的缩影。沙面古树见证了屈辱历史，也守望着中国由一个积贫积弱的落后国家，经过几代人的努力，迈向繁荣富强。

中西文化交融的绿色空间

踏进沙面岛，首先映入眼帘的，便是那一幢幢风格各异的欧陆式建筑。150年前沙面成为英法租界，曾有10多个国家在沙面设立领事馆，9家外国银行、40多家洋行在沙面经营，当年的50多幢建筑，构成了今天沙面的欧陆风情建筑大观园，沙面成为全国重点文物保护区。那飘着曳地长须的老榕、散发着幽香阵阵的巨樟，坐落在浓荫掩映中的许许多多风格迥异、气派豪奢的欧陆建筑……仿佛隔世的逍遥乐土与浪漫林园，让人体味到一种时过境迁的恬静闲适，还有矜贵的华美与洋画的风情。仿佛一帧木刻画样的、精炼提纯的黑白照片，尘封了它风雨侵蚀的伤痛，收藏起深刻悲楚的记忆，在心底凝固逝去的时光，给人留下回味无尽的天然美韵与千滋百味的绿色空间。岭南人的"榕树情结"可以一直追溯到唐朝。唐末中原战乱频繁及自然灾害较多，中原人越岭南来，多先驻足南雄珠玑巷、牛田村一带开基创业，繁衍生息。在房前屋后、道旁塘基、沙水河畔莳植榕树，至明清已蔚为壮观。清朱彝尊《雄州歌》有"绿榕万树鹧鸪天"的句子。

◎沙面岛

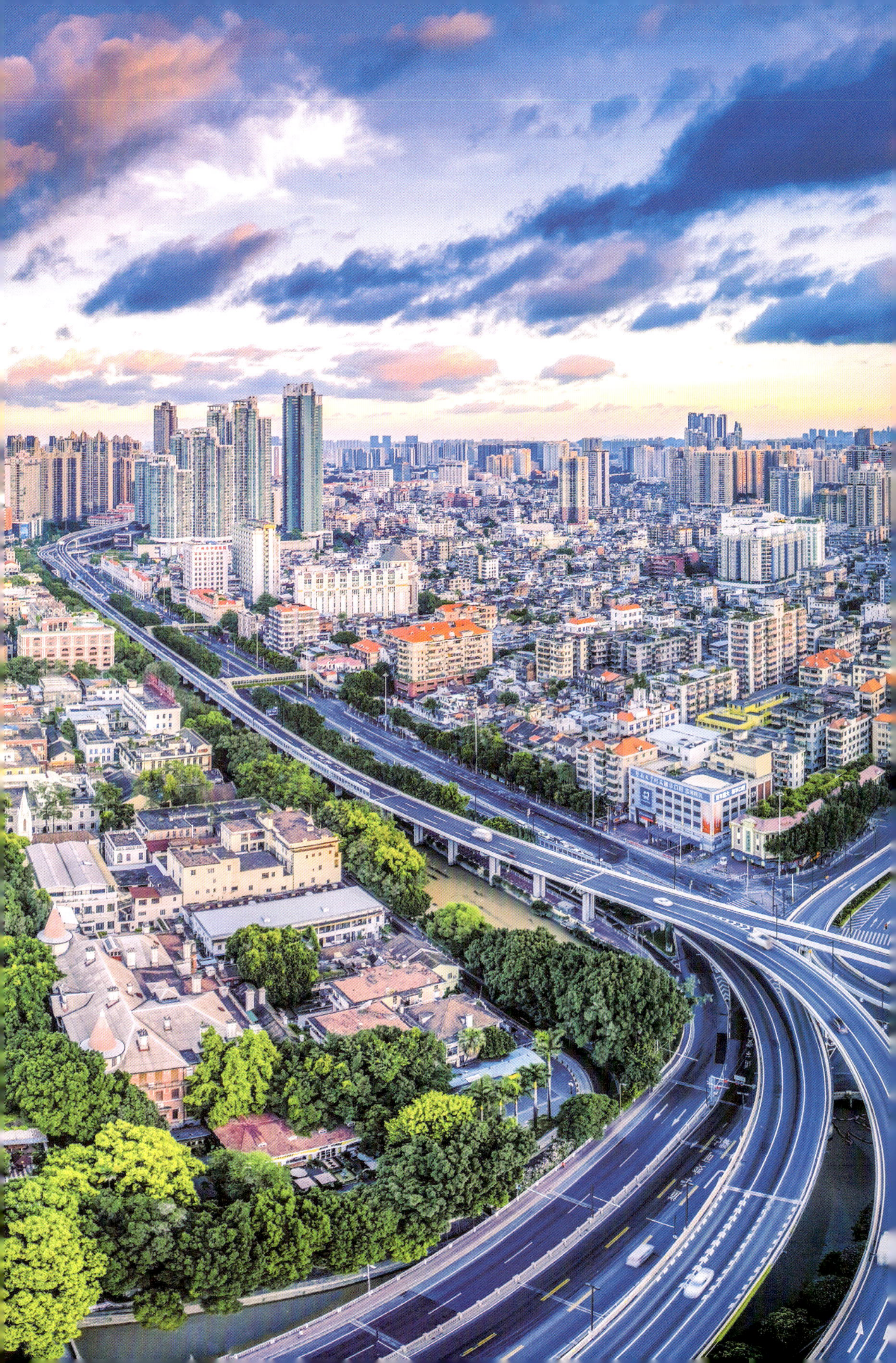

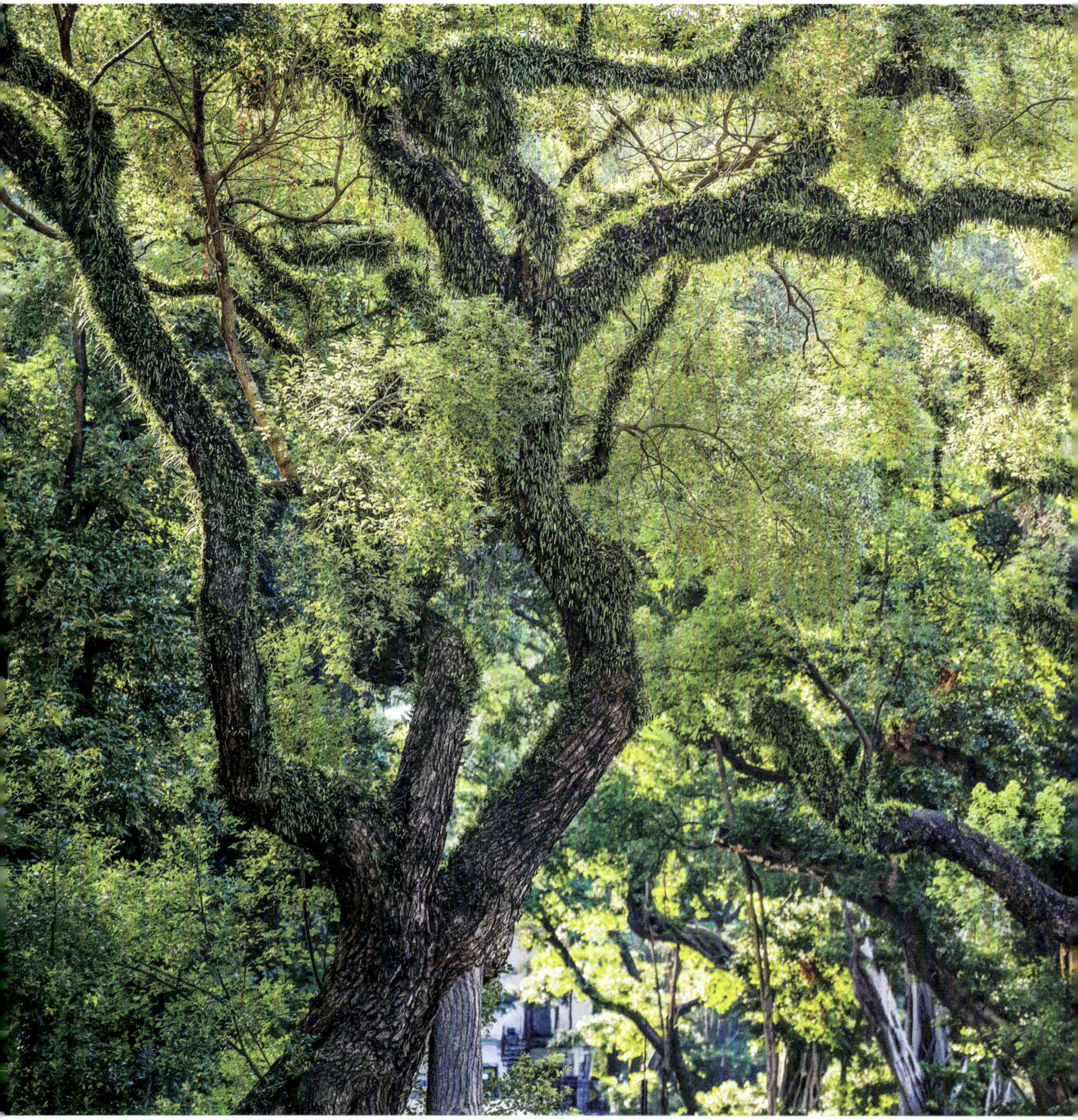

◎沙面古树

根似蟠龙　髯须茂盛 —— 古榕

　　沙面的街道井然有序，笔直的沙面大街横贯东西，街心公园和参天古榕树形成了一个绿色的世界，从高处俯视，街心公园每一处鲜花草地均似一块块图案优美的"绿地毯"，让人目不暇接。沙面岛现有古榕树68株，占全岛古树总量的49.6%。分布于沙面北街、大街、南街和沙面公园的古榕树，树冠巨大，遮天蔽日，树干虬龙冲天，气根飘飘，古榕树下，游人或漫步或散坐或聚会。因榕树易生而又长寿，岭南人一直奉榕树为本土树精和神树。

◎沙面古榕树

满树飘香　郁郁葱葱 —— 古樟

　　沙面岛现有古樟树63株，占全岛古树总量的46%，其中2棵为300年以上的二级古树，一棵位于胜利宾馆旁，树龄337年，编号为44010300110100101；另一棵位于沙面网球场旁，树龄316年，编号为44010300110100117。广东胜利宾馆前身为1888年建造的"沙面酒店"，1895年更名为"维多利亚大酒店"，历史十分悠久——但是，旁边这棵樟树比它更老，不少游客对这棵古树充满好奇，常常看到几个人手拉着手环抱树干，想测一测它的胸径有多长。多年来，这棵古树一直被保护得很好，生长得健康、恣意。去过沙面的游客发现，这里的空气弥漫着一股幽幽的香味，每每让人心旷神怡。有老街坊表示，"闻到了这股香味，就感觉回到了家"，感叹"抬头见绿，低头见乡愁"。这股神秘的香味到底来自何方呢？原来，这是岛上古樟树散发出来的。樟树全身是宝，樟叶可饲养樟蚕，樟蚕产出的蚕丝是织渔网的好材料；能提炼栲胶，用于防治水稻螟虫。樟树从根到叶，所有部位都可以提炼樟脑和樟油，是制造胶卷、胶片、赛璐珞的重要原料，广泛用于医药、防腐、防虫蛀以及制作香料，尤其是它的木材，纹理顺直，制成的樟木箱可防虫蛀。沙面岛古樟树的树干如巨柱，枝若虬龙，叶似浓云，冠如巨伞，根像铸铁，遮天盖地，香气袭人，与沙面古建筑相得益彰，古色古香意味更浓了。

◎沙面古樟树

苍翠欲滴　春华秋实 —— 扁桃古树

　　沙面岛现有扁桃古树2株，位于沙面三街。扁桃树为常绿阔叶乔木，属漆树科杧果属，树冠圆整呈广卵状，冠大浓荫，四季常青，树形纹理美观，果子甜美，香味浓郁，营养丰富，为亚热带名果。据史料记载，我国扁桃引种始于唐朝，1300年前西域已有扁桃并被视为珍品，明朝李时珍《本草纲目》中记载"巴旦杏出回旧地，今关西诸土亦有"，巴旦杏即扁桃。沙面扁桃种植于170多年前，亦是沙面近现代史与租界史的历史见证者。

◎沙面岛扁桃古树

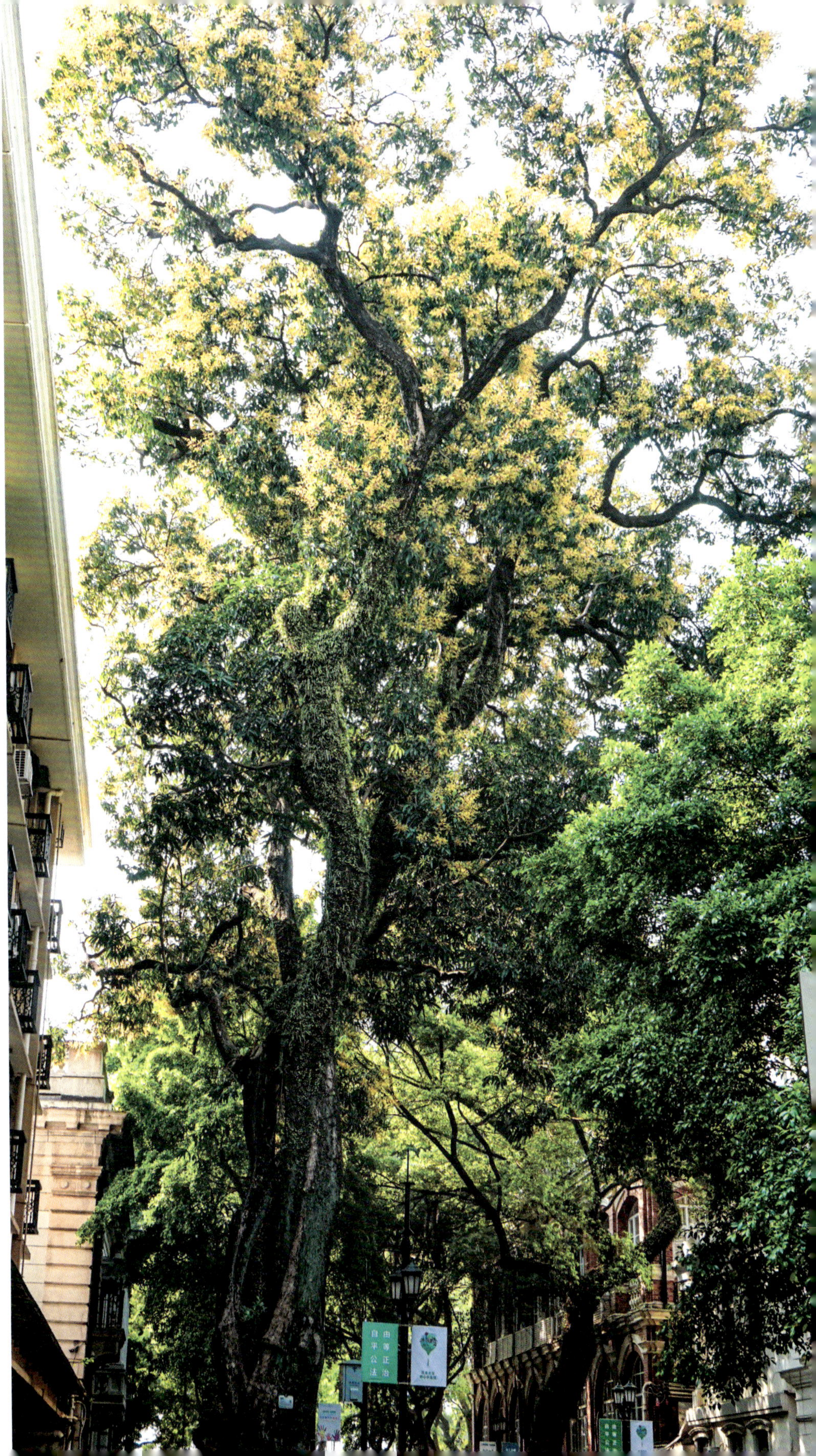
自由
平等
公正
法治

高大挺拔　树姿优美
假柿木姜子古树

假柿木姜子属于樟科、木姜子属植物，常绿乔木，主要分布在我国广东、广西、贵州西南部、云南南部。沙面岛现有在册假柿木姜子古树1株，树龄165年，编号为44010300110100079，位于沙面大街旧东桥头。细雨霏霏之时，站在那拱券廊式建筑的宽阔外廊上，品尝着香气四溢的咖啡，聆听着沙沙的雨声，呼吸着空气中飘荡的植物清香，望着烟雨朦胧中若隐若现的欧陆式建筑和百年古树，异国风情的古朴大街上行人稀少，刹那间竟有种不知身在何处的恍惚感。

◎沙面岛假柿木姜子古树

生命顽强　良材支柱 —— 大叶桉古树

沙面岛现有在册大叶桉古树1株，树龄176年，编号为44010300110100010，位于沙面公园。大叶桉属桃金娘科桉属大乔木。原产地为澳大利亚，中国四川、云南、福建广为栽培。木材红色，纹理扭曲，不易加工，耐腐性较高。叶供药用，有祛风镇痛功效。据史料记载，我国最早于1890年从意大利引进柠檬桉等多种桉树，栽培于广州、香港、澳门等地。弹指一挥间，百余年光阴，沙面岛当初引种的大叶桉已然长成了参天大树。

沙面古树群孕育了自然绝美的生态奇观，承载了人类发展的历史积淀，是人类文明的宝贵遗产，其特色明显，历史悠久，文化底蕴深厚，具有生态、景观、历史、文化和科学等多方面价值，是城市文明与自然唯美和谐共处的典范。它们是沙面岛的"绿色名片"，充分彰显了岭南特色古树群的自然之美与人文之美。

目前，广州市园林绿化部门已为沙面137株古树建立"一树一档"，组织专业技术力量对沙面古树定期进行健康巡查、健康评估和养护复壮，多方联动确保"绿有人管、树有人护、责有人担"，共同守护沙面三宝"古树、古建和雕塑"，永葆拾翠洲的绿色空间。

（本文作者：李铤）

◎沙面岛大叶桉古树